放送コンテンツ
海外展開
ハンドブック

企画、販売、契約の基礎と実践

君嶋由紀子・藤本知哉【著】
Kimishima Yukiko　Fujimoto Tomoya

中央経済社

はじめに

　本書は，はじめてテレビ番組などのコンテンツを海外に販売するために必要な，基本的な知識や契約ノウハウをまとめたガイドブックです。

　私（君嶋）が海外とのビジネス交渉をはじめて体験したのは30年以上前に東京で行われた国際スポーツイベントの時ですが，ここで海外との約束や決め事はすべて契約書に落とし込むことが大切であることを学びました。それ以来，海外との番組販売，共同制作，ジョイントベンチャーなどさまざまなビジネスを行ってきましたが，常に最後は「契約書に何が書いてあるのか」が重要だということを痛感してきました。

　2018年から5年間，BEAJ（放送コンテンツ海外展開促進機構）において日本コンテンツの海外展開のさまざまなサポートをさせていただきましたが，その際，海外に番組を販売したいと思いながら，必要な知見やノウハウを入手できず苦労されている放送局や制作会社等を見て，初心者向けのガイドブックがあればと思ったのが本書を執筆することになったきっかけです。

　海外とのビジネスは，大きな夢と可能性があります。その一方で，十分な準備をしないで臨めば，日本国内では想像できないような課題や落とし穴があります。著者（君嶋，藤本）が長年の実務経験で陥った失敗や課題から得られたノウハウを本書で効率的に学んでいただき，初歩的なところで躓くことなく，より高次元なところにエネルギーを注いでいただければと願っています。

　本書は番組をそのまま販売する完パケセールスを念頭に，初歩的なノウハウをまとめています。前半の第1章〜第3章では，海外番組販売の概要とともに，海外販売業務の流れに沿って，ビジネス面で知っておくべきポイントを君嶋が執筆しました。後半の第4章では，海外への完パケ販売を前提に，番組のライセンス契約について，契約の各条項の概要とともに注意すべきポイントを藤本弁護士が執筆されています。

顧客と交渉したことは契約書に反映されなければならず，逆に契約書に書くべきことは，最初から顧客との「確認事項」のリストに入れておく必要があります。その意味では，前半（第1章〜第3章）と後半（第4章）に書かれていることは合わせ鏡のようになっています。

今回の執筆にあたっては多くの皆様にインタビュー，情報・資料提供，監修などでお世話になりました（巻末に一覧を記載させていただきました）。皆様のお力で何とか無事に出版にまでたどり着けたと思っております。この場を借りて深く深く御礼申し上げます。

本書が，皆様のお役に少しでも立てるのであれば，望外の喜びです。

2024年6月

君嶋 由紀子

〈**本書記載の内容について**〉

・2023年12月時点の情報に基づき記載しております。それ以降に情報の変更・改訂がなされた場合もあるため，本書の情報を引用する場合は，当該ウェブサイト等をご確認ください。

・企業名等は正式名称を記載した後，略称で記載させていただいている箇所もございます。ご了承ください。

・本書は海外販売初心者のために放送コンテンツの完パケ販売の知見・ノウハウを記述しておりますが，あくまでも基本的な情報であり，ビジネスを行う際は弁護士等専門家のアドバイスを得てください（特に，フォーマット，リメイクや商品化に関する契約については，第4章の条項や内容と異なることがあります）。

・本書の内容は著者の経験やインタビュー等に基づく知見やノウハウに基づくものであり，これがすべてというわけではありません。その点をご了承ください。

目　次

はじめに／i

第1章　放送コンテンツ海外販売の概要／1

1-1　放送コンテンツの海外販売／2

（1）「放送コンテンツの海外販売（海外番組販売）」とは？／2

（2）放送コンテンツを海外に販売する意義／4

1-2　放送コンテンツの海外販売の現状／5

1-2-1　放送コンテンツの海外輸出額／5

1-2-2　販売（ライセンス）先の国・地域／6

1-2-3　販売（ライセンス）の対象となる権利／7

1-2-4　販売（ライセンス）される放送コンテンツのジャンル／8

1-3　コンテンツのジャンル別概要／11

1-3-1　アニメ／11

① テレビ東京の例／12

② 日本テレビの例／13

◆アニメ販売についてのポイント／14

1-3-2　ドラマ／15

Ⅰ　完全パッケージ販売（完パケ販売）／15

① TBSの例／16

② フジテレビの例／17

③ 日本テレビの例／17

Ⅱ-1　リメイク販売／17

（1）リメイク販売の課題／18

（2）リメイク販売の流れ／18

Ⅱ-2　リメイク販売の例／19

① 日本テレビの例／19

② TBSの例／19

③ フジテレビの例／20

Ⅲ　国際共同企画開発・国際共同制作／20

　　　　　　　　　1　フジテレビの例／21

　　　　　　　　　2　TBSの例／21

　　　　　　　　　3　日本テレビの例／22

　　　　　　　◆ドラマ販売についてのポイント／22

1-3-3　バラエティ／23

　　Ⅰ　完全パッケージ（完パケ）販売／23

　　Ⅱ-1　フォーマット販売／24

　　　　（1）　フォーマットの権利上の位置づけ／24

　　　　（2）　フォーマットにしやすいコンテンツ，しづらいコンテンツ／
　　　　　　　24

　　　　（3）　オファーから販売までの流れ／25

　　　　（4）　フォーマットバイブル／26

　　Ⅱ-2　フォーマットの例／27

　　　　（1）　完パケ販売からフォーマットにつながった例／27

　　　　　　　1　TBSの例／27

　　　　　　　2　フジテレビの例／29

　　　　　　　3　日本テレビの例／30

　　　　（2）　海外販売時に最初から「フォーマット」として販売されたコ
　　　　　　　ンテンツ／31

　　　　　　　1　日本テレビの例／31

　　　　　　　2　TBSの例／32

　　　　　　　3　フジテレビの例／32

　　　　（3）　番組の一部（コーナー企画）をフォーマット化したもの／33

　　　　　　　1　フジテレビの例／33

　　　　　　　2　TBSの例／33

　　　　　　　3　日本テレビの例／34

　　Ⅲ　国際共同企画開発・国際共同制作／35

　　　　　　　1　TBSの例／36

　　　　　　　2　フジテレビの例／36

　　　　　　　3　日本テレビの例／37

　　　　　　◆バラエティ販売についてのポイント／37

1-3-4　ドキュメンタリー／38

　　　　　NHKの例／38

1-3-5　情報番組／40

　　　　　札幌テレビの例／40

1-3-6　フッテージ／41

福島中央テレビの例／41

1-4　その他の海外展開と支援事業／42

1-4-1　放送コンテンツによる地域情報発信力強化事業／42

① 関西テレビの例／43

② 長崎国際テレビの例／43

③ TSKさんいん中央テレビの例／44

1-4-2　我が国の文化芸術コンテンツ・スポーツ産業の海外展開促進事業費補助金（コンテンツ産業の海外展開等支援）（JLOX＋）／45

1-4-3　JETRO（日本貿易振興機構）のコンテンツ支援策／45

寄稿 （映像）コンテンツの現状とトレンド　長谷川朋子／47

第2章　海外販売の業務フロー（1）
コンテンツの選定と見極め～コンテンツ販売・国際見本市／53

2-1　コンテンツの選定と見極め／55

（1）　海外市場ニーズの情報収集／55

（2）　コンテンツや販売体制の確認／56

（3）　経費と収入の予測をたてる／57

2-2　素材準備／58

（1）　許諾先（ライセンシー）の放送・配信に必要な素材／58

（2）　セールス活動に使う資料・素材／61

2-3　コンテンツの権利処理／68

（1）　原作・脚本／69

（2）　音楽（楽曲）／70

（3）　実　演／71

（4）　借用素材／73

2-4　コンテンツの販売・国際見本市／74

2-4-1　国際見本市の意義／75

2-4-2　国際見本市の例／76

（1）　さまざまなジャンルのコンテンツを扱う総合国際見本市／77

① MIPCOM／77

2 TIFFCOM／82

3 ATF（Asia TV Forum＆Market）／84

4 香港フィルマート／88

5 BCWW／90

参考 MIP TV／91

（2） 特定の分野に特化した国際見本市，ピッチングイベント／92

1 AnimeJapan／92

2 アヌシー国際アニメーション映画祭 ＆ MIFA／94

3 Content London／95

4 Series Mania ＆ Series Mania Forum／96

5 Tokyo Docs／98

6 Suny Side of the Doc／100

2-4-3 国際見本市に向けた準備と実践／101

第3章　海外販売の業務フロー（2）
販売先との交渉～契約終了／105

3-1 販売先との交渉／106

（1） 条件交渉を始める前の確認事項／106

（2） 条件交渉の流れ／109

（3） 条件交渉時に気を付けるべきポイント／110

（4） 条件交渉時に使える便利な書面や条項／116

3-2 契約実務／119

3-2-1 契約書作成・契約交渉／119

3-2-2 契約の締結，変更／121

（1） 契約の締結／121

（2） 契約の締結権者／121

（3） 契約書の保管／122

（4） 契約内容を変更したいとき／122

3-3 契約締結後の作業／123

（1） 請求，入金確認／123

（2） 素材送付／123

3-4 放送・配信，権利者への支払い／125

（1） 現地版素材制作に関して／125

（2） 現地での放送・配信へのPR協力／125

（3） 放送・配信等の確認，データの入手／126

（4） 権利者への支払い／126

3-5　契約終了／127

3-6　もしトラブルが起きたら／128

（1） 全般的な注意／128

（2） トラブルの例／129

第4章　番組販売契約書の実務／131

4-1　はじめに──契約書は権利を創出・活用・保護する／132

（1） 契約書の機能／132

（2） 契約書の形態・ひな形／133

（3） 重要なポイント／134

4-2 各条項の解説と例文／135

4-2-1　Parties（契約当事者）／135

（1） 契約当事者の情報の確認／135

（2） 事業免許の確認／137

（3） 契約締結日／137

（4） 契約締結手続き／138

4-2-2　Grant of License（許諾権利）／139

（1） 権利許諾／140

（2） 許諾番組／141

（3） 許諾権利／141

（4） 許諾テリトリー／151

（5） 許諾言語／152

（6） 許諾期間／153

（7） 再許諾／153

（8） その他／155

（9） ホールドバック／156

（10） 優先交渉権等／156

4-2-3　Delivery of Materials（素材の納品/返却）／159

（1） 素　材／159

（2） 素材のチェック／161

（3） 素材の返却／162

4-2-4 Subtitling/Dubbing（字幕/吹替え）／163

4-2-5 Editing（編集）／165

4-2-6 Report（報告）／166

4-2-7 Payment of License Fee（ライセンス料の支払い等）／167

（1） ライセンス料の支払い／168

（2） ライセンス料／168

（3） GrossとNet／169

（4） 支払条件／171

4-2-8 Tax（税金）／172

4-2-9 Copyright Notice（著作権表示）／174

（1） 著作権表示／174

（2） 著作権表示のためのデジタルデータ／174

4-2-10 Music（楽曲）／175

（1） 楽曲に関する権利処理および支払い／175

（2） 楽曲に関する表明保証／175

4-2-11 Withdrawal of Licensed Program（許諾番組の撤回）／176

4-2-12 Audit（監査）／178

（1） 監査条項／179

（2） 監査条項の必要性／180

4-2-13 Warranty and Representation（表明保証）／181

4-2-14 Indemnification（補償）／184

4-2-15 Ownership（権利帰属）／185

4-2-16 Piracy（海賊版対策）／186

4-2-17 Content Protection（コンテンツ保護）／187

4-2-18 Term（契約期間）／189

（1） 契約期間／189

（2） 契約期間の更新／190

4-2-19 Termination（契約解除）／191

（1） 契約解除事由／192

（2） 契約解除の効果／193

4-2-20 Limitation（責任制限）／195

（1） ライセンサーの責任の制限／196

（2） ライセンシーの責任制限／197

（3） 保　険／197

4-2-21 Confidentiality Obligation（秘密保持義務）／198
  （1） 守秘義務／200
  （2） 政府等への秘密情報の開示／200
4-2-22 Modification（修正）／201
  （1） 契約書の修正／201
  （2） 契約条項の一部無効／202
4-2-23 Currency（通貨）／202
4-2-24 Notice（通知）／203
4-2-25 Assignment（譲渡）／205
  （1） 譲渡等の禁止／205
  （2） グループ会社への譲渡等／205
  （3） 譲渡等した当事者の責任／206
4-2-26 Compliance（法令遵守）／207
  （1） コンプライアンス／207
  （2） 賄賂等の不正行為の禁止／208
4-2-27 Waiver（放棄）／209
4-2-28 Relationship（当事者間の関係）／210
4-2-29 Force Majeure（不可抗力）／211
  （1） ライセンサーの不可抗力／211
  （2） ライセンシーの不可抗力／212
4-2-30 Entire Agreement（完全条項）／213
4-2-31 Governing Law/Jurisdiction（準拠法/管轄）／215
  （1） 準拠法／215
  （2） 紛争解決機関／216

参考文献／219
協力者一覧／219

第1章
放送コンテンツ海外販売の概要

1-1 放送コンテンツの海外販売

（1）「放送コンテンツの海外販売（海外番組販売）」とは？

　ドラマやバラエティなどのコンテンツは，長い間，テレビの人気番組として視聴者に愛されてきましたが，テレビメディアのみを通じて見る時代は終わり，近年はさまざまな動画配信サービスを通じて楽しむことができるようになりました。他方，海外（現地）の動画配信サービスや，NetflixやAmazonなどのグローバル動画配信サービスを通じて，日本の放送コンテンツが海外で見られる機会も増えています。

　一方，日本の放送局や制作会社などは，以前から放送コンテンツの国・地域を越えた販売に取り組んできました。これが，放送コンテンツの海外販売（海外番組販売，通称「海外番販」）です。海外番組販売は「①放送コンテンツやそれに関連した権利を，②ライセンスする，③ビジネス」です。

1　本書では，放送局が制作・放送に関与したコンテンツを「放送コンテンツ」と定義します。

① 放送コンテンツやそれに関連した権利

　放送コンテンツを軸に，それに関連した権利が海外番組販売の対象になります。下記はその一例です。

- ・放送コンテンツ，動画配信サービスのコンテンツやフッテージ（放送コンテンツの映像の一部）の放送権・配信権
- ・放送コンテンツのコンセプト，構成，制作ノウハウ（フォーマット）や脚本など（リメイク）の映像化権
- ・商品化権（ゲーム化やグッズ展開等）

② ライセンスする

　「ライセンスする」とは，自社が著作権や海外番組販売の窓口権[2]を持つコンテンツを一定の期間，地域，使用用途に限って，第三者に使用を許諾することです。「販売」という言葉を使っていますが，著作権等の権利を相手に譲渡する「権利譲渡」とは異なります。

③ ビジネスである

　放送コンテンツの海外販売の目的は，海外で放送・配信することだけではなく，許諾先（ライセンシー）から対価を得て，利益を出すことです。

　コンテンツの開発費＋販売コスト（PR費や素材費）＜販売金額

　この図式が成立しないとビジネスとして成立しません。海外番組販売には後述するようにさまざまな費用がかかるため，事前にその状況を認識したうえで，ビジネスに踏み出すことが必要です。

2　複数社で組成する組織（製作委員会等）を代表して業務を行う権利。

（２）　放送コンテンツを海外に販売する意義

　コンテンツの海外販売には，大きく２つの意義があります。

①　新たなビジネスチャンスとしての意義

　放送コンテンツを海外に販売していくことで，日本以外でビジネスチャンスを広げることができます。今まで日本の放送や動画配信サービスなどで得ていた収入に加え，放送コンテンツを海外に販売することで新たな収入を得ることができます。アニメなどの場合は，放送コンテンツの番組販売収入以外に，キャラクターグッズやゲーム化などの展開により，商品化収入なども期待できます。

②　日本や日本文化の素晴らしさを伝え，日本ブランドの価値を高める意義

　放送コンテンツの販売により，経済的な収入を得るだけでなく，日本の文化を海外に広め浸透させることで，日本への理解が深まるとともに，日本の文化や産品，また観光地などにも興味を持ってもらうことが期待できます。また，人気のコンテンツを通じて，日本の音楽や観光地などを，憧れの音楽や場所にすることができます。海外の人が日本語を話せなくてもアニメの主題歌を歌ったり，日本に聖地巡礼に来てくれるのは，コンテンツの力の賜物です。

1-2 放送コンテンツの海外販売の現状

1-2-1 放送コンテンツの海外輸出額

　日本の放送コンテンツの海外輸出額は，2022年度には756.2億円に到達し，右肩上がりで伸びています。コロナ禍の2020年度もコンテンツの海外輸出額は落ちず，それ以降も順調に伸びていることがわかります。

【図表1-1】日本の放送コンテンツの海外輸出額の推移

※海外輸出額：番組放送権，インターネット配信権，ビデオ・DVD化権，番組フォーマット・リメイク権，商品化権等の海外売上高の総額

出所　令和6年4月総務省「放送コンテンツの海外展開に関する現状分析（2022年度）」[3]

---

[3] https://www.soumu.go.jp/main_content/000941703.pdf

1-2-2 販売（ライセンス）先の国・地域

　日本の放送コンテンツの販売（ライセンス）先の国・地域はアジアがおよそ半分を占め，北米，欧州がそれに続いていることがデータから読み取れます。

　コンテンツ販売では，同じコンテンツでも販売する国の経済状況や視聴者数等により価格が異なります。また，販売するコンテンツの魅力やその国・地域の国民性なども価格に影響します。たとえば，日本で人気や話題性のあるコンテンツや，出演者が販売先の国・地域で人気がある場合，販売価格は通常に比べて高めになる傾向があります。

【図表1-2】日本の放送コンテンツの海外輸出先の国・地域

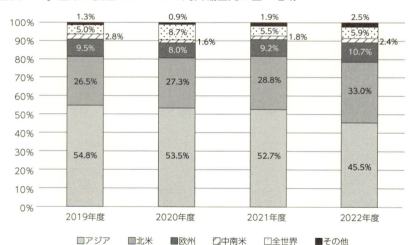

出所：令和6年4月総務省「放送コンテンツの海外展開に関する現状分析（2022年度）」等をもとに著者作成。図表1-3，1-5，1-6も同じ。

1-2-3 販売（ライセンス）の対象となる権利

2014年度には，番組放送権のライセンス額が総輸出額の約50％を占めていましたが，この10年でインターネット配信権が急伸し，今やライセンスの対象となる権利の約3分の1を占めるようになりました。2010年代に世界各国でさまざまな動画配信サービスが始まり，そうした企業へのライセンスが伸びの一因と考えられます。またアニメなどのライセンスに付随した商品化権の割合も増加しています。

【図表1-3】日本の放送コンテンツの海外輸出額の権利の構成比率

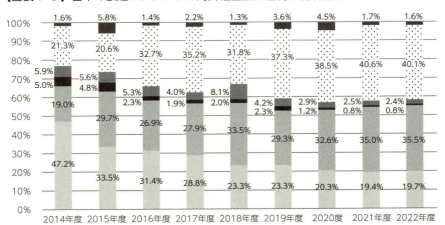

出所：令和6年4月総務省「放送コンテンツの海外展開に関する現状分析（2022年度）」等をもとに著者作成。

1-2-4 販売(ライセンス)される放送コンテンツのジャンル

ジャンル別ではアニメの販売額が全体の売上の約90%を占めています。

日本のアニメは,早くから海外展開を積極的に行い,その人気は世界で定着しており,現在も世界から注目を集めているジャンルです。

アニメ以外ではドラマ,バラエティが人気です。

【図表1-4】日本の放送コンテンツの海外輸出額ジャンル別割合

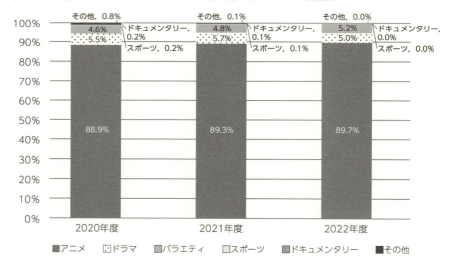

出所:令和6年4月総務省「放送コンテンツの海外展開に関する現状分析(2022年度)」

アニメは全世界に販売されていますが,海外輸出額で見ると東アジア,北米,欧州の順で売れています。ドラマは東アジアを中心に販売されていますが,グローバル動画配信サービスの台頭で,輸出先に北米や全世界なども出てきています。

1-2 放送コンテンツの海外販売の現状

【図表1-5】日本の放送コンテンツ（アニメ）の国・地域別輸出額割合

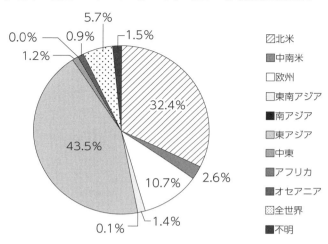

【図表1-6】日本の放送コンテンツ（ドラマ）の国・地域別輸出額割合

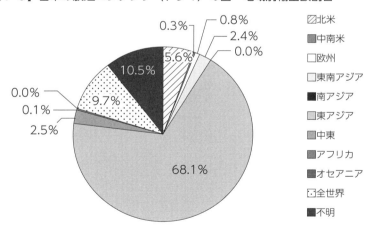

両図表出所：令和6年4月総務省「放送コンテンツの海外展開に関する現状分析（2022年度）」等をもとに著者作成。

10　第1章　放送コンテンツ海外販売の概要

　以下は2022年度に販売された放送コンテンツの例です。

【図表1-7】海外販売された日本の放送コンテンツの例（2022年度）

● 番組販売権等

アニメ	・不滅のあなたへ 第2シリーズ ・魔術士オーフェンはぐれ旅 　アーバンラマ編/聖域編 ・クレヨンしんちゃん ・BLEACH 千年血戦篇 ・ラブオールプレー ・火狩りの王	ドラマ	・鎌倉殿の13人 ・金田一少年の事件簿（2022） ・未来への10カウント ・マイファミリー ・silent ・みなと商事コインランドリー ・エルピス ・ヒル
バラエティ	・筋肉番付 ・大改造!! 劇的ビフォーアフター ・WANKO BATTLE ・もぎたてテレビ ・かごしまソロ活	ドキュメンタリー	・ジャパニーズダイアリー ・良心の実弾 　―医師・中村哲が遺したもの
		その他	・おかわり！ 新潟一番サンデープラス ・スイーツ男子 シーズン2

● 番組フォーマット・リメイク権

バラエティ	・料理の鉄人 ・カトちゃんケンちゃんごきげんテレビ「おもしろビデオコーナー」 ・クイズポン	ドラマ	・Woman

出所　令和6年4月総務省「放送コンテンツの海外展開に関する現状分析（2022年度）」

1-3 コンテンツのジャンル別概要

1-3-1 アニメ

　アニメは日本のコンテンツのなかで最も人気のあるジャンルです。オリジナリティのあるストーリーでクオリティが高い作品が多いこと，コンテンツ制作時から海外向けの権利処理などに取り組み，日本の放送と時間を置かずに海外で放送・配信できる体制を作ってきたこと，ドラマと比較してコンテンツに民族性が出づらいことなどがその要因です。海外のグローバル動画配信サービスも日本のアニメを積極的に配信しています。

　アニメは単に放送・配信されるだけでなく，グッズやゲームなどの商品化も含めてマルチ展開しやすいため，他のコンテンツジャンルに比べると，大きなヒットにつながりやすいといえます。アニメは複数の会社から組成される製作委員会で制作されることが多く，この製作委員会内で協議し，海外ビジネスの窓口権（製作委員会を代表してビジネスを行う権限）を持った社が海外展開を担当します。

　アニメのジャンルは大きく2つに分けられます。1つは子供・ファミリー向けのコンテンツ，もう1つはアクションやバイオレンスの要素を含む青少年向けのコンテンツです。人気のある漫画など，原作が強いアニメが世界でもヒットする傾向にあります。

12 　第1章　放送コンテンツ海外販売の概要

1 テレビ東京の例

　テレビ東京は毎週30本以上のアニメを放送しており，その海外展開において
も放送局のトップランナーです。そのなかでも『NARUTO －ナルト－』は，
その人気，話数やビジネス面において最大規模のアニメです。集英社「週刊少
年ジャンプ」で連載の人気漫画を，テレビ東京，集英社，ぴえろの３社で組成
した製作委員会でアニメ化し，2002年に放送を開始しました。今までに
『NARUTO －ナルト－』は720話（第二部「NARUTO疾風伝」を含む），後継
作品の『BORUTO －ボルト―』は293話を制作・放送しています。

　テレビ東京は海外展開（出版権などを除く）の窓口として，このアニメを海
外のさまざまな放送局や動画配信サービス等にライセンスし，ビジネスを拡大
してきました。2005年に米国のCartoon Networkで放送が開始されると人気が
拡大し，世界80以上の国・地域で放送されるようになりました。その後，米国
のアニメ動画配信サービスCrunchyroll（クランチロール）を通じて全世界に
配信するとともに，各国・地域個別でも放送・配信展開をしています。ゲーム
化も全世界を対象にライセンスを行っており，収益化だけでなくブランド強化
にも役立っています。

〈担当者の一言〉

　この10年間で，アニメビジネスは配信権と商品化権が大きく伸びました。
　世界中のさまざまな動画配信サービスを通じてアニメが世界に広く浸透し，
多くのファンが生まれました。当社（テレビ東京）でも特に中国で複数の動
画配信サービス（Youku，iQIYI（アイチーイー），bilibili，Tencent
Video）にさまざまなコンテンツをライセンスした結果，商品化ビジネスも
大きく伸びました。
　商品化権のなかで特筆すべきはゲーム化権です。コンソールゲーム，モバ
イルゲーム共に全世界で好調で，特に中国では大きなビジネスになっていま
す。ゲームは莫大な開発費用がかかり，大きく成功するのは少数の作品とは
いえ，いったん人気が出れば大きな売上につながります。最近のグッズ展開

で面白いのは，大人向けの商品のライセンスが増えていることです。高級ブランドとタイアップし，アパレル，服飾，バッグ，文具など高額商品が販売されているのはその一例です。グッズ展開のターゲット層が広がっている実感があります。

　ただ近年，中国では国産のアニメ制作力や原作開発能力が向上して日本の作品への購買欲が衰えており，今後も今のような状況を継続していくのは簡単ではないと考えています。

　コンテンツのマルチユース展開の成功には，まず日本で人気作品となり，長い期間にわたって放送されることが重要です。商品化の成功には広く視聴者に訴求できる放送が向いています。そのためには，アニメがしっかりしたストーリーを持った作品であることが必要だと思います。

② 日本テレビの例

　日本テレビは，1997年から深夜枠でさまざまなアニメを放送し海外に展開してきました。そのなかでも『DEATH NOTE』や『HUNTER×HUNTER』は，今でも欧米，アジア等全世界で放送・配信され，商品化も展開されるなど人気です。『HUNTER×HUNTER』はゲームによる海外展開も行われています。

　2020年には新たにアニメ事業部（現スタジオセンターアニメDiv.）を立ち上げ，アニメビジネスを加速させています。新しい取組みとして，自社（日本テレビ）での放送を前提とせず，海外向けを意識したアニメを開発するという手法を取り入れています。『月が導く異世界道中』は，シリーズ累計で350万部（電子含む）の人気漫画（原作：あずみ圭（アルファポリス刊））をベースにアニメを制作。国内では，関西地区は毎日放送，関東地区は東京MXテレビで放送されました。海外は，動画配信サービスCrunchyrollを通じてアジアを除く全世界に配信，またアジアの配給会社を通じて，台湾，ベトナム等アジア各国・地域で配信されています。異世界転生もののアニメとして海外でも注目を集め，人気作品となりました。それを受け第2弾の制作が決定し，2024年1月

14   第1章　放送コンテンツ海外販売の概要

から『月が導く異世界道中 第二幕』が連続2クールで放送されました。

〈担当者の一言〉

　『月が導く異世界道中』は，海外でヒットすることを意識して作品開発をするなかで，原作に出会いアニメ化した作品です。日本でヒットしている漫画のアニメ化は海外でもヒットする可能性は高いのですが，こうした今までにない手法で開発することの重要性も感じています。

　近年の海外でのアニメ人気には手ごたえを感じていますが，その一方でカントリーリスクがあることも実感しています。世界情勢も考えながら，アニメの開発・販売をしていく必要性を感じています。

アニメ販売についてのポイント

① 　海外でヒットするアニメは，日本で人気の作品が多い。

② 　放送・配信だけでなく，商品化（グッズ，ゲーム化）展開等もできるタイトルを探し，海外窓口権を確保することが重要。

③ 　ゲーム化には時間，労力，費用がかかるが，人気が出ればヒットにつながる。そのためには，アニメにしっかりしたストーリー性を持たせ，長く放送することが大切である。

④ 　海外への販売は，カントリーリスク等があることを意識しながら，展開先を決めていく必要がある。

1-3-2 ドラマ

ドラマの海外展開は，3つの手法に分けられます。

Ⅰ　日本の放送コンテンツをそのまま販売する完全パッケージ（完パケ）販売

Ⅱ　日本の脚本をベースに海外で制作するリメイク販売

Ⅲ　現地の制作会社などと共同で企画・脚本の開発を進める手法

Ⅰ　完全パッケージ販売（完パケ販売）

　ドラマの海外展開は，日本で放送したコンテンツをそのままライセンスし，現地語の字幕や吹替で放送する，完パケ販売の手法から始まりました。1990年代から2000年代まで，台湾，香港，タイ，シンガポール等の東・東南アジアで人気がありました。その後徐々にその勢いは落ち，現在は台湾，香港等の放送局やアジア各国（ローカル）の動画配信サービス，機内上映，日本専門チャンネル等にライセンスされています。

　他国に比べてドラマの話数が少ないこと，海外販売のための権利処理などに時間や労力がかかること，アジアで人気の「恋愛ドラマ」が少なく，ストーリーが海外の視聴者にはわかりづらいことなどがその要因といわれています。それに加え，以前は販売先だったアジア各国の制作力が上がり，海外からの購入が減ったことや，その国々もドラマの輸出国となり競争が厳しくなっていることも要因です。

　その一方，近年，NetflixやDisney＋（ディズニープラス）等のグローバル動画配信サービスを通じて海外に配信されるようになり，ドラマは今までにない形で全世界展開が図れるようになっています。

① TBSの例

　TBSは，ドラマのほぼ全作品を海外に販売し，これまではアジアを中心に展開してきました。一方，近年，『日本沈没 −希望のひと−』はNetflixで，『TOKYO MER 〜走る緊急救命室』はDisney+を通じて世界配信するなど，国内放送とともに海外への配信前提で製作したり，『離婚しようよ』のように国内放送を前提とせずNetflixオリジナルとして配信するケースも登場しています。

　2023年夏に国内放送された『VIVANT』は，大規模なモンゴル・ロケを敢行し，壮大なスケールで描かれたドラマで，大きな話題となりました。台湾，香港，韓国，モンゴルの放送局に販売された後，Netflixを通じて世界190以上の国・地域で全話配信されています。

　また，2000年代の作品である『池袋ウエストゲートパーク』や『タイガー＆ドラゴン』，2010年代の『逃げるは恥だが役に立つ』など，グローバル動画配信サービスを通じた旧作の世界配信も始まり，これまでに番組販売ではリーチできなかった世界各国を新たな市場とし，従来の「放送」に加え，「配信」という形でのドラマの世界展開も始まっています。

〈担当者の一言〉

　『VIVANT』は制作陣が，「日本のドラマをもっと海外の視聴者にも楽しんでほしい」と世界水準を目指して制作した番組です。「モンゴルでの２カ月以上に及ぶロケでは，現地のキャストやスタッフとの撮影もあり，文化の違いから困難なことも多かった分，やりがいも感じました。」とプロデューサーは語っています。世界各国のバイヤーが「自分の市場で紹介したいドラマ」を選ぶ賞である「MIPCOM BUYERS'AWARD for Japanese Drama 2023」でグランプリを受賞することができました。

1-3 コンテンツのジャンル別概要　　17

② フジテレビの例

フジテレビはさまざまなドラマをアジア各国に販売しています。2022年放送の『ミステリと言う勿れ』は中国に，「第39回ATP賞テレビグランプリ」の最優秀賞（ドラマ部門）を受賞した『silent』は香港に，2023年放送の『風間公親 －教場 0 －』は台湾に，『ONE DAY ～聖夜のから騒ぎ～』は韓国に販売されています。

③ 日本テレビの例

日本テレビは，アジア，特に台湾，韓国，香港等や機内上映等を中心にドラマを販売しています。2020年代に放送されたドラマでは，『コントが始まる』などが人気です。その一方，グローバル動画配信サービスを通じて全世界への展開が加速しています。2022年放送の『金田一少年の事件簿』はDisney+で，2023年放送の『こっち向いてよ向井くん』はNetflixを通じて，全世界に配信されました。

2023年の『ブラッシュアップライフ』は，放送直後から日本で大きな話題となり，「東京ドラマアウォード2023」の作品賞グランプリ（連続ドラマ部門），「ContentAsia Awards 2023」の最優秀賞（アジア国内向け連ドラ部門）など，国内外で11の賞を受賞し，海外からの注目が集まりました。2024年１月からはNetflixでアジア向けに配信されています。

Ⅱ-1　リメイク販売

ドラマの脚本をライセンスし，現地の視聴者向けにアレンジしながら，現地の出演者を起用して制作する手法です。近年はリメイク権を購入して自国でドラマ制作するニーズが増えており，ヒットする可能性が高いドラマの脚本を探している国が増えているなかで，日本ドラマのリメイクの需要は増えつつあり

ます。

（1） リメイク販売の課題

リメイク販売の際，課題となるのがエピソード数です。日本のドラマは基本10話程度ですが，海外ではより多い話数を求められることも多く，ストーリーを膨らませる必要があります。具体的にはドラマの根幹のストーリーや人物などにはあまり手を加えず，例えばサイドストーリーで話数を追加するなど工夫します。現地のニーズや事情を理解して柔軟に対応していくことが，現地での成功につながる要因の1つです。そのためには，原作者・脚本家の理解や協力を引き出しつつ，現地と交渉をするビジネスプロデューサーの交渉力が大きな鍵になります。現地版で新たな脚色や出演者などを加える場合は，現地の脚本やドラマ制作の企画書等を事前に監修することが大切です。

（2） リメイク販売の流れ

制作会社からオファー（申込み）を受けて交渉が始まることが多いですが，放送・配信までは複数年かかることが一般的です。以下は，放送・配信までの流れの一例です。

---

① オファーを受けて交渉
② （オプション契約[4]（第3章3-1-（4）③参照）締結）
③ 現地で放送局，動画配信サービスが決定
④ 本契約締結
⑤ コンテンツ制作
⑥ 放送・配信

---

4 主に欧米の制作会社の場合はオプション契約の段階を踏むことが多いですが，アジアの場合は直接本契約に進む場合も多いようです。

1-3　コンテンツのジャンル別概要　　19

Ⅱ-2　リメイク販売の例

1　日本テレビの例

　日本テレビのドラマ『Mother』は坂元裕二氏のオリジナル脚本で2010年に放送されました。その後トルコの会社にリメイク権をライセンスし，現地版を制作。2016年にトルコの放送局Star TVで放送したところ，視聴率No１．ドラマとして大ヒットしました。その後，トルコ版は世界49の国・地域に配給されたほか，韓国，ウクライナ，タイ，中国，フランス，スペイン，モンゴルでも新たにリメイク版が制作・放送されています。

　また2013年に日本で放送された同じ坂元裕二氏の脚本ドラマ『Woman』のトルコ版も人気ドラマとなり，51の国・地域に配給されました。前述の『ブラッシュアップライフ』は，完パケのほか，リメイクのオファーも多く来ており，中国等にリメイクのライセンスが決定しています。

〈担当者の一言〉

　リメイクには，海外でも共感できる部分が入っている作品が向いています。例えば，社会のなかで懸命に生きる女性主人公のドラマは評判が良いです。さらに，そこに家族の話や，サスペンス的な要素が絡むとヒットする可能性が高まる気がします。『Mother』はその好例です。

　リメイクの成否は，現地のプロデューサーが「どうしてもやりたい」という熱意を持ってオファーしているのかが重要です。ビジネス面も大事ですが，リメイクについては作品の魅力をきちんと見せていくことが重要だと感じています。

2　TBSの例

2021年に放送され「東京ドラマアウォード2022」の作品賞グランプリ（連続

ドラマ部門）のほか，数々の賞を受賞したドラマ『最愛』，2018年の『アンナチュラル』，1995年の名作ドラマ『愛していると言ってくれ』の3作品の韓国でのリメイク契約が締結された他，『私 結婚できないんじゃなくて，しないんです』の中国でのリメイクが実現しています。

③ フジテレビの例

　フジテレビは，2010年代から中国，韓国を中心に積極的にドラマのリメイクを進めてきました。2016年〜2017年には，『最後から二番目の恋』が韓国で，『プロポーズ大作戦』と『問題のあるレストラン』が中国で，それぞれリメイク版が放送・配信されています。

　そのほか，坂元裕二氏のオリジナル脚本ドラマ『それでも、生きてゆく』，『最高の離婚』や古沢良太氏のオリジナル脚本ドラマ『コンフィデンスマンJP』を韓国にライセンスした実績もあります。2023年にはタイのGMMTVに2014年の人気ドラマ『リッチマン，プアウーマン』のリメイク権を許諾し，タイ版『Faceless Love』として制作，放送されました。

Ⅲ　国際共同企画開発・国際共同制作

　海外の会社と一緒に企画開発をしたり，共同で制作する手法です。資金やノウハウ，人的リソースなど各社が得意な分野を担当し，リスクを分散しながら，効率的にコンテンツ制作を行うことができます。ドラマの場合，制作費が世界的に上昇しているなかで，経済的なリスクを減らし，他国・地域や他民族のニーズや好みを作品に加味することで，グローバルにヒットするドラマを目指す意図もあります。一方，言語，常識や文化の違いなどからコミュニケーションの齟齬が起きやすいといった課題もあります。

　共同企画開発や共同制作は事業を始めてから複数年かかるケースが多く，カントリーリスクや為替の影響なども考慮に入れながら信頼できるパートナーを

選び，事業を始めることが重要です。

① フジテレビの例

フジテレビは以前から積極的に国際共同制作を進めています。2019年にドイツの公共放送局ZDFの子会社ZDFエンタープライズ（ZDFE）と共同で，ドラマグローバル展開を視野に入れてイングランドのサッカーリーグを舞台にした連続ドラマ『The Window』を制作し，ドイツ，フィンランド，イスラエルほか，世界10以上の国・地域で放送しました。

2023年10月に開催された国際見本市TIFFCOMでフジテレビの今後の海外戦略を発表し，その第一弾として，世界的に大ヒットしている『The Walking Dead（ウォーキング・デッド）』や『Invincible（インヴィンシブル）』などを制作している米国のSKYBOUND（スカイバウンド）社のグラフィックノベルシリーズ『Heart Attack（ハート・アタック）』を原作に，日本人出演者を起用したドラマを共同制作することを明らかにしました。

〈担当者の一言〉
　今までは日本の番組を海外に出していくことを中心にビジネスを進めてきましたが，戦略的パートナーになるためには，コンテンツを購入したり，販売したりといった形で関係値を築き，長期間の協業を通じて信頼関係を深めていくことが必要だと思います。2023年のTIFFCOMで発表した戦略はその一環です。

② TBSの例

2022年に，日曜劇場で放送した『DCU』（海上保安庁に新設された特殊捜索隊のドラマ）は，TBSがイスラエルの総合メディア企業Keshet International（ケシェット・インターナショナル）とカナダの制作会社Facet4 Media（ファ

セット4メディア）との共同開発／共同製作により実現したオリジナルドラマ
で，最初から海外展開を視野に入れて共同開発されました。

また，海外戦略の新会社として，2022年にTBSホールディングスの100％出
資でTHE SEVENが設立されました。総額300億円規模の制作予算を準備し，
Netflixと戦略的提携契約を締結するなど，海外向けの番組製作を可能にする
専用スタジオを備えたプロダクション機能とVFX基地を持つ欧米型のスタジ
オを目指して，コンテンツの企画開発などを行っています。

③ 日本テレビの例

『名探偵ステイホームズ』はネット探偵が部屋から一歩も家を出ず，事件を
解決するというサスペンスコメディドラマです。イギリスの制作会社Envision
Entertainmentとの共同制作番組で，日本では2022年4月に放送し，これをパ
イロット版として海外展開を図ったところ，米国のTomorrow Studios社とオ
プション契約が決まりました。

ドラマ販売についてのポイント

① グローバル動画配信サービスの影響で，今やドラマはアジアのみなら
ず，全世界が対象地域となった。最初から全世界展開を視野に入れたド
ラマも出てきている。

② リメイク販売には，日本での評判が良く，ストーリーがしっかりして
いて，海外でも共感される要素のある作品を選ぶ。

③ リメイク販売では，骨格となるストーリーを維持しつつ，現地ニーズ
に合わせたフレキシブルな対応をとることが成功のカギ。

④ リメイク販売やドラマ企画開発は作品の放送・配信までは時間がかか
る。適切なパートナーを選び，じっくりと取り組む姿勢が大切。

1-3-3 バラエティ

バラエティの海外展開は3つの手法に分けられます。

Ⅰ　日本の放送コンテンツをそのまま現地で放送する完パケ販売

Ⅱ　日本のコンテンツのコンセプト・構成や制作ノウハウなどの要素をベースに，現地で番組を制作するフォーマット販売

Ⅲ　現地の制作会社などと共同で企画を開発や制作を進める手法

Ⅰ　完全パッケージ（完パケ）販売

　1980年代〜2000年代までは，日本のバラエティ番組は台湾，香港，タイ等のアジアの放送局，日本語専門チャンネル，機内上映等に，完パケ販売の手法でライセンスされていました。その後，アジア各国の制作能力が上がり，自国で番組制作するケースが増えるに従い，完パケ販売の需要が徐々に減り，現在は台湾，香港等の東アジアの放送局，アジア各国（ローカル）の動画配信サービス，機内上映等にライセンスされています。

　近年，アジアを中心に完パケ販売されたコンテンツは，日本テレビでは，『欽ちゃん＆香取慎吾の全日本仮装大賞』，『世界の果てまでイッテQ！』，『ぶらり途中下車の旅』など，TBSでは『ニンゲン観察バラエティ　モニタリング』など，フジテレビでは，『VS 嵐』，『突然ですが占ってもいいですか？』，『ウワサのお客様』などが挙げられます。

　その一方，グローバル動画配信サービスを通じて，日本のバラエティ番組がアジア以外の地域で見られる機会が増えてきています。

　バラエティはドラマに比べ，エピソード数が多い傾向があり，海外でも好評であれば長期間ライセンスされることが少なくありません。

Ⅱ－1　フォーマット販売

　フォーマット販売はバラエティ番組のコンセプト，構成，スタジオセット，制作ノウハウなどをパッケージにして販売（ライセンス）し，販売先がフォーマットを使って現地の出演者を起用して新たに制作する手法です。日本のフォーマット販売は1980年代から始まり，2000年代には"クレイジーでユニーク"だと世界から熱い注目を集め，海外の制作会社や配給会社等からオファーが来るようになりました。今やバラエティの海外展開に重要で欠かせない手法となっています。

　現地版の人気が出れば，日本側から素材等を提供せずとも長期間ライセンスすることができ，さまざまな国で現地版を展開することで，コンテンツのIPブランドを世界で確立することができます。

（1）　フォーマットの権利上の位置づけ

　著作権法上，フォーマット権が保護されるかは議論がある点ですが，他国のコンテンツを模倣して似たコンテンツを制作するよりも，オリジナル制作者からフォーマット権を購入しフォーマットバイブルに沿って制作したほうが，フリーライド（パクリ）とみなされて提起される訴訟リスクを回避できるうえに，制作のノウハウを効率よく学べて，質の高い番組が制作できる，というのがフォーマット購入の利点です。

（2）　フォーマットにしやすいコンテンツ，しづらいコンテンツ

　コンテンツがフォーマットに適しているかどうか見極めることは大変重要です。

　ゲームバラエティや，ルールに従って進行していくようなバラエティは基本的にフォーマットに向いています。真似したいけれど意外と真似できないという要素があることも重要です。例えばゲームバラエティの場合，全員ではなく数名だけが成功するような難易度に設定されており，かつ怪我や事故などを起

こさないような安全管理がされているようなケースです。

また，また欧米では，ユニークな設定のもと展開する人間ドラマを描くドキュメントバラエティ（Reality Format, Factual Entertainment）が人気です。欧米の人気番組である『Big Brother（ビッグブラザー）』，『Survivor（サバイバー）』，『Love Island（ラブアイランド）』がこのジャンルになります。

一方，MCのトークや出演者の個性が番組の不可欠な要素となっているコンテンツは，フォーマットにはあまり適しません。フォーマット化には，海外展開に向けて新しいコーナーやルール等をコンテンツの要素に加えるというのも1つのアイディアです。

常に新しい番組をチェックして，海外でヒットしそうな番組や番組のコーナー企画があれば，制作現場の協力を得て，フォーマット開発を検討するとよいでしょう。その際，他のフォーマットにはないユニークな点や強みは何か，海外に向けてコンテンツをどう見せていくか（パッケージング）などを意識することが重要です。

（3） オファーから販売までの流れ

フォーマットは，国際見本市等で知り合った制作会社やバイヤーからオファーや問い合わせを受けてから交渉が始まるのが一般的です。

制作会社等との契約では現地の放送局や動画配信サービスの放送・配信枠が固まってから本契約を締結する場合が多いようですが，代理店や現地エージェント等とは，本契約後を締結してから，現地の放送局・配信会社の交渉を行う場合などもあります。さまざまなプロセスを経るため，最終的に放送・配信が行われるまでには複数年かかるのが一般的です。さらに本契約締結前に，オプション契約（第3章3-1（4）③参照）を締結したり，パイロット版（試作版）を制作することもあります。

以下は，放送・配信までの流れの一例です。

```
①  オファーを受けて交渉
②（オプション契約締結，第3章3-1（4）③参照）
③（パイロット版制作）
④  現地放送局，動画配信サービスが決定
⑤  本契約締結（※）
⑥  コンテンツ制作
⑦  放送・配信
  ※  ④と⑤が逆の場合もあり。
```

　なお，フォーマット開発にあたっては，事前に権利関係を確認するとともに，フォーマットバイブル（以下参照）の制作など，完パケ販売以上に制作現場の協力が不可欠になるので，その点を留意しながら進めることが重要です。

（4）　フォーマットバイブル

　フォーマット販売の場合，成約時にフォーマットバイブルの提供を求められることがあります。フォーマットバイブルは，購入先が現地での番組制作のイメージがつかめるように，番組のコンセプト，構成，ルール，出演者各々の役割，セット図，カメラ位置，制作ノウハウなどの情報を盛り込んだ番組制作マニュアルのようなものです。特に欧米へのセールスでは求められることが多く，その場合，制作現場の協力を得て制作する必要があります。また，現地版の制作時に，オリジナル版の制作スタッフをコンサルティングに派遣する，フライング・プロデューサーの提供を求められることもあります。

Ⅱ－2　フォーマットの例

　フォーマット販売には，最初に完パケ版を販売・放送して，現地で人気が出た後にフォーマットをライセンスする場合と，最初からフォーマットとして販売する場合があります。後者はさらに番組全体をフォーマットとしてライセンスする場合と，番組の一部のコーナーを切り出し，独立した番組フォーマットにする場合があります。

（1）　完パケ販売からフォーマットにつながった例

1　TBSの例

　TBSの数あるフォーマットのなかでも『SASUKE / Ninja Warrior』は世界で圧倒的な知名度と人気を誇っています。

　『SASUKE』（『SASUKE / Ninja Warrior』）は，1997年に『筋肉番付』の特別番組として始まり，不定期に放送され27年間で41話が製作されているスポーツ・エンターテインメント番組です。2005年の香港，台湾を皮切りに，2006年の米国，2007年のイギリスなどの放送局を中心に世界165の国・地域で展開されたところ，大きな話題となり，その後25以上の国・地域にフォーマットライセンスされて現地版が製作・放送されました。また，放送に併せて，IP活用によるさまざまなマルチ展開を行っています。以下は一例です。（2024年5月）

---

　a．テーマパーク
　　イギリス・ロンドン郊外のストークやリバプールなど18カ所に，また米国やドイツ，サウジアラビアに『SASUKE』が体験できるテーマパークが作られています。

　b．商品化，出版
　　米国ではこれまで200種類を超える関連グッズやトレーニング・ギアが全米のNBCUniversalショップやインターネットで販売されています。他国で

もグッズやゲームなどの商品化が展開されているほか，『SASUKE/Ninja Warrior』に関連した書籍も出版されています。

ｃ．その他

2023年，国際オリンピック委員会（IOC）総会で『SASUKE』の海外版である"Ninja Warrior"を基に考案された障害物レースが，近代五種の5種目中，馬術に代わる新しい種目として，2028年ロサンゼルス・オリンピックから採用されることが決定しました。

〈担当者の一言〉

今でこそ世界で有名な『SASUKE』ですが，当初はフォーマット販売に向かない番組といわれていました。制作に手間がかかり製作費も高い。毎週制作することが難しい。さらに必ずしも毎回完全制覇できる勝者を生むわけではないという特色があり，実際に販売は困難を極めました。

日本での初回放送から8年経った2005年に台湾と香港で日本版の放送が始まり，その翌年の2006年に米国のケーブル局G4（ジーフォー）と契約が成立し，深夜枠でTBSのフォーマットを使った米国版『Ninja Warrior』が始まりました。すると当時欧米で人気だった「人対人」のサバイバルゲームではなく，「人対障害コース」で勝負することで「勝者を生まないこともある」という特異性が理解されるようになり，回を追うごとに人気が拡大。2007年にはゴールデン枠に昇格するとともに，同年にイギリス，以降，世界に広がっていきました。

1-3 コンテンツのジャンル別概要　　29

② フジテレビの例

『料理の鉄人』は日本で1993年から1999年に放送された料理対決バラエティ番組です。米国のケーブル局Food Networkに完パケ販売・放送したところ大きな話題となり，2005年には現地版『Iron Chef（アイアンシェフ）』の制作・放送が開始。これが人気番組となり，14年間続きました。併せてイギリスのChannel4の他，カナダ，オーストラリア，インドネシア，ベトナムなどでも現地版が制作・放送されています。タイのChannel7では現在も制作・放送中です。

2022年には，Netflix米国で『Iron Chef：Quest for an Iron Legend』を制作し，世界190以上の国・地域に配信しているほか，メキシコ，ブラジルでもそれぞれ現地版を制作し，配信しています。

『逃走中』は鬼ごっこからヒントを得て作られたゲームバラエティ番組で，2004年からフジテレビで不定期に放送されています。台湾，シンガポール，マレーシア，タイ，米国など60の国・地域に完パケ販売されているほか，ベトナムや中国にフォーマットがライセンスされ，現地版が制作・放送されています。またNetflix版が制作され，2022年に『Run for the Money 逃走中 Battle Royal』が配信されています。

〈担当者の一言〉

『Iron Chef（アイアンシェフ）』のフォーマットの米国の販売先が，ケーブル局からグローバル動画配信サービスに変わったのは時代の流れかもしれません。

2010年代，Netflixから「過去にヒットした番組，実績のある番組をリブートしたい」というお話をいただき，それに応える形で『テラスハウス』，『あいのり』などの新バージョンが制作され，その後『Iron Chef：Quest for an Iron Legend』，『Run for the Money逃走中　Battle Royal』につながっていきました。

③ 日本テレビの例

　『はじめておつかい（Old Enough！）』は，幼い子供が生まれて初めておつかいに出かける様子を見せるドキュメントバラエティで，1991年から30年以上続く人気番組です。日本での放送開始後，すぐに台湾，香港等に完パケ販売されるほか，ベトナム，中国，シンガポールやイギリス，イタリア等にフォーマットライセンスされ，現地版が制作されました。

　しかしその当時，欧米は子供に対する教育方針の違いから，イギリス，イタリアでの実績はあるものの，それ以上現地版の展開を広げるのは難しいのではといわれていました。ところが，良質なリアリティ番組を探していたNetflixを通じて，2022年に世界190以上の国・地域に番組が配信されると状況は一変。特にイギリスと米国ではセレブがSNSを通じて番組情報を発信したことで評判となり，米国の長寿コメディ番組『サタデー・ナイト・ライブ』でパロディになるなど大きな話題を呼びました。するとアジアのみならず，欧米からもフォーマットのオファーが来るようになりました。2024年に，カナダの制作会社Blue Ant Studiosが制作したカナダ版がカナダの地上波放送局TV Ontarioで放送される予定です。

〈担当者の一言〉

　Netflixに日本版を出したことで，『はじめてのおつかい』は世界的に話題となり，特に欧米においてはThe New York Times等主要メディアで教育論として取り上げられるほどに，コンテンツの認知度が上がったと感じています。現在は世界中からフォーマットのオファーが届いています。

（2） 海外販売時に最初から「フォーマット」として販売されたコンテンツ

１ 日本テレビの例

　『￥マネーの虎』は，2001年から2004年まで放送されたビジネスピッチ（ビジネス提案をプレゼンテーションする）番組です。番組のフォーマット権を英米の大手制作・配給会社Sony Pictures Televisionに販売し，2005年にイギリスのBBCで『Dragons' Den』，2009年に米国のABCで『Shark Tank』のタイトルで放送が始まりました。15年以上たった今でも続く長寿番組となっています。

　BBC版やABC版は世界180以上の国・地域で放送されているほか，世界50の国・地域で現地版が制作・放送されています。そのうち13の国・地域（タイ，インド，ブラジル，メキシコ，エジプト，UAE，アフリカ諸国など）は2018年以降に成約されています。

【図表1-8】「￥マネーの虎」のフォーマット版が放送されている各国の現地版ロゴ一覧

"Dragons' Den", "Shark Tank", "Lions' Den" and all associated logos, images and trade marks are owned and/or controlled by Sony Pictures Entertainment Inc.

〈担当者の一言〉

　『￥マネーの虎』は番組をきっかけに新しいビジネスを生み出せるという強みがあり，時代が変わってもオファーが絶えません。2022年にインド版の放送に向けてプレゼンする志願者を募集したところ，数万件もの応募があったそうです。インド版は現地で大人気で，シーズン1放送中にシーズン2の継続が決定しました。

② TBSの例

　『風雲！たけし城』は1986年から1989年まで国内放送された視聴者参加型のバラエティ番組です。1988年にオランダJoop Vanden Ende社（後のEndemol）と台湾のデルタハウス社にフォーマット権がライセンスされ，現地版が製作されました。その後完パケ版も販売され，30年以上にわたり世界159の国・地域で番組が放送されています。2022年にはAmazon Studios社で新作が製作され，2023年からAmazon Prime Videoで世界配信されていますが，これは日本での放送を前提とせず，海外展開を前提にした番組制作によるものです。

③ フジテレビの例

　2012年に放送された『サイレントロワイヤル』は，海外では『The Noise』のタイトルで，世界13の国・地域にフォーマットとして販売されています。

（3） 番組の一部（コーナー企画）をフォーマット化したもの

　日本のバラエティ番組は，いくつかのコーナーで構成されているものもありますが，そのうちの１つのコーナー企画をフォーマット化する方法もあります。

①　フジテレビの例

　1997年から放送された『とんねるずのみなさんのおかげでした』のコーナー企画だった『脳カベ（Hole in the Wall)』は，迫りくる壁（人がギリギリ入れる穴があいている）をうまくすり抜けられるか，というフィジカルゲームショーです。制作・配給会社のFremantle Media（現Fremantle）にフォーマット権を販売し，米国（Fox, Cartoon Network)，中国（CCTV)，イギリス（BBC)，で現地版を放送したほか，アルゼンチン，オーストラリア，ブラジルなど世界44の国・地域で展開され，「シンプルでわかりやすく，笑える」と世界中で評判となりました。

②　TBSの例

　1986年から1992年に放送された『加トちゃんケンちゃんごきげんテレビ』のコーナー企画をフォーマット化したのが，「おもしろビデオコーナー」です。このフォーマットをVin DiBona Productions社にライセンスし，1989年に米国ABCで米国版ホームビデオ紹介番組『America's Funniest Home Videos』の放送が開始されました。以来現在まで続いており，2023年には34シーズン目，累計およそ800話が放送されています。米国版は視聴者投稿番組の元祖とも呼ばれ，エミー賞等数多くの賞を受賞しています。

　このフォーマットはその後，イギリス，フランス，オーストラリア，チリ，トルコ等約100の国・地域にライセンスされ各国版が制作されています。

③ 日本テレビの例

『BLOCK OUT』は2011年から2016年に放送された『宝探しアドベンチャー謎解きバトルTORE！』の1コーナーである「崖の間」を使って，ドイツの制作会社Red Arrow Studiosと共同で企画開発したゲームバラエティ番組です。2019年にZense Entertainment社で番組を制作し，タイのChannel 7 で放送しました。それ以降，ベトナム，インドネシア，スペイン，オランダ等で制作・放送され，好評を博しています。

【図表1-9】『BLOCK OUT』のキービジュアル

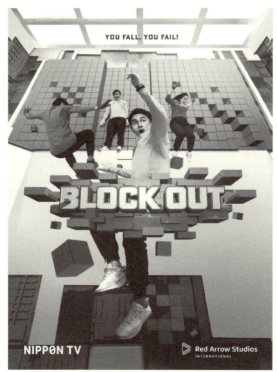

Based on "Block Out" developed and distributed by NIPPON TV in association with Red Arrow Studios.

〈担当者の一言〉

『この企画について日本テレビ側は当初，オリジナルの番組のコンセプト
に沿って企画開発するつもりでしたが，Red Arrow Studiosから別コンセ
プトを提案され，その路線で開発しました。Red Arrow Studiosの企画の
パッケージング（見せ方）は優れていたと感じます。その一方で，実際の番
組制作時のコンサルティングでは，日本テレビのディレクターが力を発揮し
ました。両者の役割分担がうまくできた案件です。

　『Sokkuri Sweets』（そっくりスイーツ）は2014年の『ウルトラマンDASH』
（『ザ！鉄腕！DASH!!』の正月特番）で始まったコーナー企画である「本物そっ
くりのスイーツを見破れ」をフォーマットとして開発したものです。寝室や学
校の空間に見立てた空間に置いてある靴やドアノブなど本来は食べられない物
を，職人が食べられる食材で本物そっくりに作り，挑戦者がそれを見破れるか
というゲームフォーマットです。2019年にフォーマットとして海外に売り出し，
現在米国とオランダで展開されています。

Ⅲ　国際共同企画開発・国際共同制作

　バラエティの国際共同企画開発・国際共同制作には，2つの手法があります。
　1つは，自社番組や自社番組のコーナー企画を利用し，海外と共同して新し
い企画を開発していく手法です（広義でいえばフォーマットの現地版製作はす
べてローカライズを伴うので，この「国際共同企画開発」に該当するともいえ
ます）。
　もう1つはパートナーと協議しながら，グローバル市場に向けてゼロから企
画を立ち上げる手法です。オリジナル企画の場合，実績がないとオプション契
約まで進んでもその後の制作・放送までつながらない場合も少なくありません。
そうした事態を避けるためには，パートナーは現地ニーズをよく知り，国際共
同制作や国際共同企画開発の知見や経験がある会社を選ぶことや，オリジナル

の場合は開発段階で試作版（パイロット版）を制作し，それを使ってセールスを行うことなどが大切です。以下はオリジナル企画開発の例です。

① TBSの例

　TBSは海外でヒットするコンテンツの制作を目標に，近年，次々に海外の制作会社やプロデューサーたちと，フォーマットの共同開発を手がけています。一例として，音楽バラエティ番組『The Masked Singer』を全米でヒットさせたCraig Plestis（クレイグ・プレスティス）氏が率いる制作会社Smart Dog Mediaとの共同開発で，恋愛リアリティ・バラエティ『LOVE by A.I.』の企画を作り，2022年にTBSで制作・放送しました。

　また，2024年には，イギリス最大級のコンテンツ制作配給会社All3Media Internationalとタッグを組み，フォーマットの共同開発と制作を行い，『Lovers or Liars?』を誕生させ，日本で放送しました。

　いずれの作品も，MIP TVなどの国際見本市を通じてお披露目され，全世界に販売されています（2024年5月）。

② フジテレビの例

　2010年にイギリスの制作会社Fremantle Media（現Fremantle）と共同企画・共同制作をするプロジェクトをスタートさせ，共同で開発した『Total Black out』を全世界に販売。2012年に米国はじめ世界21の国・地域で制作・放送されました。

　2021年には，イギリスの制作会社The Story Labと双方のクリエイターが世界市場に向けたコンテンツを共同で開発する戦略的提携の下で開発された新たなフォーマット企画『ツナゲー〜繋げるバトルゲーム〜』は，フジテレビで2話放送した後，海外市場に販売を進めています。

③ 日本テレビの例

2023年に日本テレビとイギリス公共放送局BBC傘下の制作・配給会社BBC Studiosが共同開発したゲームバラエティ『バレたら終わりの極秘ミッション バラエティー KOSOKOSO』が日本で放送され，この番組をベースにしたフォーマット企画の全世界販売が進められています。

バラエティ販売についてのポイント
①　グローバル動画配信サービスの影響で，日本のバラエティコンテンツ（完パケ）はアジア以外の国でも見られる機会が増えてきた。
②　フォーマット販売には，シンプルでユニーク，言葉を使わずとも内容がわかるようなバラエティコンテンツが適している。
③　フォーマット販売には現地版の放送・配信まで時間がかかるが，いったん現地で人気が出ると，ロングランのヒット番組にもなる可能性がある。
④　バラエティの国際共同企画開発・国際共同制作は作品の放送・配信まで労力や時間がかかる。適切なパートナーを選び，じっくりと取り組む姿勢が大切。

1-3-4 ドキュメンタリー

ドキュメンタリーは実際の出来事や事実の記録などをもとに制作される番組です。そのテーマは，国内外の政治・社会的な課題から自然，動物や宇宙など多岐に及びますが，海外に販売する場合は，美しい自然・動物ものや，科学ドキュメンタリーなどが人気です。

番組の販売先は，台湾，香港，中国等の東アジアの国・地域や機内上映，欧米のドキュメンタリー専門チャンネルなどが中心ですが，近年はグローバル動画配信サービス等も良質のドキュメンタリーを探しています。また，ドキュメンタリーは，早くから海外との共同制作が行われてきたジャンルでもあります。

NHKの例

① 番組（完パケ）セールス

NHKは多くのドキュメンタリー番組を制作し，関連団体などを通じて海外に販売しています。海外に人気の番組は以下の4つのジャンルが挙げられます。

① 『ワイルドライフ』，『ダーウィンが来た！』，『グレートネイチャー』のような生き物や自然の素晴らしさを紹介する番組。

② 宇宙，人類，人体や健康等を科学的に分析する科学ドキュメンタリー。『フランケンシュタインの誘惑　科学史闇の事件簿』のような科学とダークサイドミステリーを組み合わせた番組も海外から人気です。

③ 自転車旅を通して日本各地の魅力を紹介する『Cycle Around Japan（サイクル・アラウンド・ジャパン)』や，『新・映像詩 里山』などの日本を紹介する番組。海外から日本が旅行先として注目されるようになったことも人気に関係しているかもしれません。

④ 海外でも著名な庵野秀明氏や常田大希氏（King Gnu）等を密着取材したドキュメンタリー。

販売先は，台湾，香港，中国など東アジアが中心ですが，欧米や東南アジア，

最近はグローバル動画配信サービスへの販売も出てきています。

② 共同制作

　ドキュメンタリーは海外の放送局や制作会社と共同制作をすることが多い
ジャンルです。NHKの最初の共同制作は，1980年代に中国CCTV（中国中央
電視台）と行った『シルクロード』でした。以来，継続的に海外の放送局・制
作会社などと約40年間で1,000本以上の作品を制作しています。

　共同制作の手法としては，制作費の分担，技術や取材の協力をもらうほか，
共同制作の相手国の放送枠や配信サイトで番組を放送・配信してもらうなどさ
まざまです。テーマは，自然・科学ネタが多く，NHKが企画提案して共同制
作が始まる番組もあります。ダイオウイカを撮影したディスカバリーチャンネ
ルとの共同制作番組『世界初撮影！ 深海の超巨大イカ』はその一例です。

　共同制作のパートナーを見つけるために国内外でさまざまなドキュメンタ
リーのピッチイベント（プレゼンテーションのイベント）が設けられています。
フランスで行われるSunny Side of the Docや，各国持ち回りで行われる
WCSFP（World Congress of Science and Factual Producers），また東京で行
われるTokyo Docs等で企画に興味を持つ出資者が現れれば，そこから企画の
実現に向けて交渉が始まります。

　コロナ禍後，日本への関心が高まり，日本を撮影地としたドキュメンタリー
を海外の制作者が企画し，現地（日本）スタッフに撮影を依頼するケースもあ
るようです。

〈担当者の一言〉

　海外にも通用するドキュメンタリーは，見ているとエモーショナルになり，
つい感情移入してしまうような番組です。たとえば『ヒグマを叱る男』のよ
うな野生動物と人とのふれあいがテーマの番組や，家族の普遍的な愛を描い
た番組などは海外でも人気です。また『新・映像詩 里山』のような美しい
映像で，感性に直接訴える番組もユニバーサルに通用します。

1-3-5 情報番組

ローカル局等の情報番組には，その地域の魅力を深掘りしたコーナー企画がありますが，こうしたコーナー企画を海外向けにまとめて編集し，アジアの放送局や機内上映に販売しているケースがあります。

札幌テレビの例

札幌テレビは，月〜金の夕方に『どさんこワイド179』を放送していますが，番組のさまざまなコーナー企画を番組のスタイルに再編集して，海外に販売しています。具体的には3つのコーナー企画が活用されています。

① 2010年〜2020年（コロナ禍前），北海道民に北海道の旅を紹介する『北海道ぶらり旅』（15分のコーナー企画）を活用して，北海道紹介番組『Casual Traveling』（30分番組）を制作。この番組を台湾，香港，タイ，ハワイ，マレーシアなどの放送局や動画配信サービス，機内上映等に販売しました。

② 北海道の漁港でとれるさまざまな旬の魚を漁師の奥さんの自慢レシピとともに紹介するコーナー企画「浜直」を再編集し，『Fisherman's Pride』（30分番組）というタイトルで台湾，タイなどに販売しています。

③ 料理研究家・星澤幸子氏が北海道の旬な食材を利用してさまざまなレシピを紹介する人気コーナー企画『どさんこキッチン』を活用した料理番組『Dosanko Cooking』です。コーナー企画を数本まとめて30分番組とし，国内の放送局に販売するほか，東南アジアの有料チャンネルDiscovery Asiaを通じてアジア約30の国・地域に展開。またタイのTrue Visionや香港のTVB等の放送局，機内上映などに販売しました。

〈担当者の一言〉

　レギュラー番組のコーナー企画を活用することで，海外に出せる作品は増えていきます。『Casual Traveling』は約10年間で100本以上，『Fisherman's Pride』は約50本，『どさんこキッチン』は約500本を制作し，国内外に販売してきました。現在も少しずつ増えています。ローカル局にとって情報番組は素材の宝庫です。これをうまく活用できるよう，制作現場と連携して放送後の編集作業などの労力を軽減していくことが大切だと思います。海外番組販売を機に，海外とコネクションができて次のビジネスにつながることもあります。

1-3-6 フッテージ

　番組やニュースなどの一部の映像を抜き出して販売する手法です。

　素晴らしい自然などを4K，8Kなどで撮影した映像素材や，ニュースとして希少価値のある映像は，海外からの引き合いが少なくありません。そのためには，自社の持つ映像素材のなかで，フッテージとして販売できる可能性のあるコンテンツを事前に精査しておく必要があります。なお，フッテージ販売も，映像によっては権利処理が必要な場合があるので，事前の確認が必要です。

福島中央テレビの例

　2011年の東日本大震災時，東京電力福島第一原発1号機で起きた水素爆発の瞬間の映像は福島中央テレビが唯一撮影していました。水素爆発の威力，原発事故の恐ろしさを語るのにこの映像は衝撃的で，事故発生から10年以上たった今も，世界中から映像ライセンスの問い合わせが来ています。

1-4 その他の海外展開と支援事業

　放送コンテンツの海外展開に関して，政府や政府関連団体の支援策があります。以下にその一例を紹介します。

1-4-1　放送コンテンツによる地域情報発信力強化事業

　コンテンツを使って日本の魅力を海外に発信し，インバウンド，アウトバウンド需要を喚起するために総務省が実施しているのが「放送コンテンツによる地域情報発信力強化事業[5]」（総務省事業）です。地方の放送局や制作会社等が地方自治体や企業と連携し，海外の放送局や制作会社などと共同でコンテンツ制作を行い，放送，配信，SNSなどを複合的に利用しながら，コンテンツ発信を通じて，特に台湾，香港などの東アジアや，タイ，ベトナム，インドネシアなどの東南アジアで日本の観光地や物産などをアピールしてきました。2014年の事業開始以来10年間で400件を超える事業が行われています。

　総務省事業によるコンテンツ制作にあたっては，事業の目的を海外パートナーと共有したうえで，日本や現地で人気のあるコンテンツを利用し，アピー

---

[5] https://www.soumu.go.jp/menu_news/s-news/01ryutsu04_02000214.html

1-4　その他の海外展開と支援事業　　43

ルしたい要素をコンテンツの中身に入れていくことなどが効果的な手法の1つと考えられます。以下はその一例です。

① 関西テレビの例

　関西テレビとベトナムとの関係は，人気番組だった『パンチDEデート』のフォーマットを使って，2013年にベトナムの制作会社MCVとパイロット版を制作し，地上波放送局ホーチミンテレビ（HTV）で放送した時から始まりました。それ以降，ベトナムとの関係を深めています。

　2017年には，総務省事業として，関西テレビの人気番組『走れ！ ガリバーくん』のフォーマットを使い，ベトナムの地上波放送局Voice of Vietnam（VOV）でベトナム版を制作・放送しました。以来，VOVと6回にわたって総務省事業を行い密接な関係を築いています。事業の自走化のため，自社（関西テレビ）のフォーマットは無償で提供する一方，VOVにはCM枠を無償で提供してもらい，日本企業や地方自治体等のPRに活用しています。するとこの事業をきっかけに，番組で取り上げた日本の企業（ベトナムに進出している大阪の企業）が，関西テレビに初めてCM出稿する事例が出てきました。

　このように，関西テレビは総務省事業を通じて地方自治体や地元企業のベトナム進出の支援を行うとともに，海外パートナーと交流を深め，さらに国内（地域）のテレビ局と企業を結び付ける役割も果たし，独立したビジネスや事業に発展させています。また系列局と一緒に総務省事業を行うことで，海外展開のノウハウを地方局に共有し，人材育成も行っています。

② 長崎国際テレビの例

　長崎国際テレビは2016年に社内横断で新規事業を行う社長直轄部署「総合企画室」を新設し，地域活性化に向けたプロジェクトとして，総務省事業に取り組み始めました。当初は前例のない案件に協力してくれる自治体等は多くあり

44 第1章 放送コンテンツ海外販売の概要

ませんでしたが，担当者の熱意と粘り強い交渉により，海外との共同制作事業の道を切り開きました。その後長崎市や複数自治体から協力体制を取り付け，予算化するスタイルを確立して事業に臨んでいます。

2017年にタイの放送局 Workpoint TVの人気番組『Make Awake』を使って，長崎県の島々の歴史や文化，食などの魅力をアピールしました。それ以来，タイの制作会社Awake Productonsとは6年間（総務省事業以外で実施した回も含む。2023年11月），番組を通じてさまざまな長崎の魅力をタイにアピールしています。

併せて長崎国際テレビは，長崎の特産品（長崎牛やいちごなど）の販路拡大を後押しする関連事業も行っています。2023年にバンコクで行われた「ジャパン エキスポ タイランド2023」では地方自治体や地元企業などとともに出展し，番組のPRとともに，物産品の販売支援も行っています。こうした取り組みを行った結果，翌年度の事業にも地方自治体や地元企業の協力が得やすくなるという好循環ができています。こうした事業の成果として『チーム長崎』が形成されたのです。

2019年以降は，総務省事業の展開国をドイツ，フランスにも拡大。2020年には，ドイツで開催される世界最大級の国際旅行見本市「CMT」に出展し，長崎の魅力を発信しました。

③ TSKさんいん中央テレビの例

TSKさんいん中央テレビは，2014年の総務省事業で，日本の魚の魅力を紹介する番組『PRIDE FISH from Japan』（4話）を共同制作し，シンガポールの日本語放送局Hello！ Japanで放送しました。それ以降，海からみた日本海側の地域の魅力を紹介する番組を総務省事業で7回制作し，シンガポール，フィリピン，マレーシアで放送しました。地域の魅力を高精細で多様な映像表現で見せるためシネマカメラで撮影，MCはシンガポールの有名リポーターを起用して，全編を英語で制作しています。その後，番組を複数年分まとめて，

香港や機内上映に販売したほか，国際交流基金を通じて南米，アフリカ，東欧等の15の国・地域に展開しました。また連動事業をきっかけにしてマレーシア等での特産品の海外販売へのチャレンジや，中国で越境メディア事業を展開するなど，総務省事業を起点に新たなビジネスにつなげています。

1-4-2 我が国の文化芸術コンテンツ・スポーツ産業の海外展開促進事業費補助金（コンテンツ産業の海外展開等支援）（JLOX+[6]）

経済産業省が行う日本発のコンテンツに対する海外展開支援事業です。地方局等が利用しやすい支援事業は「海外向けのローカライゼーション＆プロモーション支援を行う事業」です。具体的には，コンテンツの海外展開に関するローカライズ（字幕作業や吹替，翻訳等）やプロモーション（媒体出稿や見本市出展，パブリシティ等）に関わる費用に補助金が交付されます。2013年の同様の事業開始以来，2022年までの10年間で8,000件を超える事業が交付されています（JLOX+は2023年度事業）。

2023年度は，特定非営利活動法人映像産業振興機構（VIPO）が受託事業者として業務を行っています。

1-4-3 JETRO（日本貿易振興機構）のコンテンツ支援策

JETROはさまざまな産業の海外展開支援をしていくなか，映画，アニメ，音楽，ゲームなどコンテンツの海外展開も積極的に支援しています。JETROの海外拠点は世界中に広がっていますが（2024年2月1日時点で55の国・地域の75カ所，例えば北米7カ所，欧州15カ所，アジア27カ所等）でコンテンツの現地情報にアクセスできる体制ができています。毎年，国・地域を決めてコン

6　https://jloxplus.jp/

テンツに関する詳細な調査レポートを作成しているほか，現地事務所でさまざまな相談（例えば現地メディアの情報提供やビジネスパートナーの紹介など）にも対応しています。

　また，毎年映像，音楽，アニメ分野で海外バイヤーとのオンライン商談会を実施しているほか，日本のコンテンツ作品を海外バイヤーに紹介するために，海外バイヤーとのB2Bプラットフォーム「Japan Street[7]」を運営しています。

7　https://www.jetro.go.jp/services/japan_street/

寄稿 （映像）コンテンツの現状とトレンド

長谷川 朋子

　世界の番組流通市場の動向は時代の流れに合わせて常に変化してきた。昨今は
Netflix などグローバルプラットフォームの台頭によって流通革命が起こり，コンテ
ンツエコノミーは売買流通から大量生産へと移行しつつある。コンテンツの価値を最
大化することがコンテンツビジネスにおける重要課題として考えられ，国際共同制作
がビジネストレンドとして注目されている。バリューチェーンはIPコンテンツが核と
なる時代にある。こうした世界の番組市場トレンドのなかで日本の立ち位置はどこに
あるのか。向かうべき方向を確かめながら解説したい。

● 流通革命はなぜ起きたのか

　現在の国際番組市場トレンドをより理解するために，最も大きな変化である流通革
命が起きた経緯から説明していく。
　振り返ると，かつてはグローバルに番組を展開するには販売ルートを確保すること
が基本だった。半世紀にわたって番組販売という取引が主流だったわけだが，2013
年頃から変化が起き始める。きっかけはNetflixのオリジナル制作ドラマ『ハウス・
オブ・カード 野望の階段』といえそうだ。Netflix は本作を公開した時から世界一挙
同時配信を試み，まだその当時サービスインされていなかった地域においても放送や
DVDの展開をほぼ同時進行で行った。つまり，このやり方は自社のプラットフォー
ムから番組を視聴者に直接届ける，いわゆるD2Cの構築であり，それまで守られ続
けてきたウィンドウ戦略を打ち破る流通革命となったのだ。当時，業界内で批判の声
も出たが，世界的にヒットした結果が物をいう。一気通貫の海外展開の新たな道とし
て支持されていったのだ。
　Netflix は定額制モデルの会員数を世界で２億人に増やし，メディアとしての地位
を築く。AmazonやAppleなども動画配信サービスに手を広げ，新興勢の勢いは止
まらない。ディズニーやパラマウントなどハリウッドメジャーもこぞって直営型の動

画配信サービスを導入していった。また各国・各地域においてローカル系の動画配信プレイヤーも多く生まれた。放送局や通信事業者が立ち上げていき，アジアでは韓国のTVING，香港のViu，中国Tencentのアジア版WeTVなどが挙げられる。

イギリスの調査会社Omdiaによると，動画配信時代へと突入した2017年から10年のSVOD（定額制動画配信サービス）モデルの事業成長率は16.4％を見込む。YouTubeやTikTokなど広告型のオンライン動画に至っては同時期における10年成長率は21.7％と驚異的な成長を遂げている。一方，同時期における有料TVの10年成長率はマイナス1.3％と下降線をたどる。プレイヤーの閉鎖や再編も行われながら，動画配信時代は勢力図を大きく変えているのだ。

● コンテンツエコノミーは売買流通から大量生産へシフト

変革期にあっても，市場の成長のカギを握るのはコンテンツ戦略にあることに変わりはない。だが，流通革命が起こったことで，コンテンツエコノミーは売買流通から大量生産へとシフトしていった。

それは配信オリジナルコンテンツに象徴される。Netflixはオリジナルコンテンツを最大の強みに，多言語，多文化のローカル色を打ち出したコンテンツ制作も推し進めた結果，米国外の有料会員数を押し上げた。韓国発『イカゲーム』の世界的ヒット事例も生み出し，ローカルコンテンツ力を証明したのだ。日本オリジナルも数多く作られ，世界ヒット事例として『今際の国のアリス』などがある。この動きはNetflixに限ることではない。Amazonも制作スタジオ機能から配信・パッケージ販売の流通まで幅広く網羅しながらコンテンツビジネスを進めている。それを可能にする背景には，圧倒的な開発力と資金力を持ち合わせていることが大きい。GAFAと呼ばれるITビッグ4企業（Google，Amazon，Facebook，Apple）が映像コンテンツ事業を一事業として手掛けている時代なのである。

また大量生産といっても「安かろう悪かろう」ではない。高額投資の配信オリジナルコンテンツが大量に生産されている。グローバル有料動画配信サービスで提供される主力コンテンツの連続ドラマ製作費は今や，1話10億円はくだらない。たとえば，Amazonプライム・ビデオオリジナルの『ロード・オブ・ザ・リング：力の指輪』の製作費は1話あたり80億円に上る史上最高額とも言われる。

スター・ウォーズ映画シリーズのスピンオフなど，ディズニープラス向けに目玉の

独占作品を次々と投入しているディズニーのコンテンツ投資額は，22年度の時点で，日本円に換算すると約4兆5,000億円に上った。またNetflixのコンテンツ投資額は約2兆3,000億円で推移し，ディズニーのそれと比べると半分程度だが，オンライン向けのコンテンツ投資では，競合他社を圧倒的に上回る額になる。Netflixは今後もコンテンツへの投資の手を緩めるつもりはない。日本オリジナルについても同様だ。

●クリエイティブとビジネス機能を持つ「スタジオ」が主役

コンテンツ生産力に目が向けられているなか，企画の目利きから開発，製作，IP（知的財産権）および流通管理までクリエイティブとビジネスの機能を兼ね備え，IPエコシステムの実権を握る組織にもフォーカスがあたる。総称して「スタジオ」と呼ばれるものだ。コンテンツ流通市場の観点から見ても，今はスタジオが主役の時にある。

欧州ではスタジオ組織が続々と作られている。世界最大級のTVコンテンツ国際見本市のMIPCOMカンヌではスタジオ栄誉賞を意味する「Studio of Distinction Award」が2022年に新設され，その年，公共放送100周年と国際放送90周年の節目にあったイギリスBBCのBBCスタジオが第1回スタジオ栄誉賞を受賞した。BBCスタジオは全体収益の75％をBBC以外のビジネスパートナーから得るなどBBCの商業部門として成長し続ける。国際流通市場における放送局の未来像を示すものともいえる。BBC会長のティム・デイビー氏はMIPCOMカンヌ2022のキーノートで「BBCは伝統的な組織だと思われていますが，その実態は驚くほど革新的。競争は産業を促進させます。Netflixやディズニープラスを打ち負かすつもりはありません。広い視点で市場を見る必要があると思っています」と語っていた。

韓国では『愛の不時着』を代表作に持つCJ ENM傘下のStudio Dragon（スタジオドラゴン）が韓国市場を牽引している。またASTORYも有力スタジオの1つにある。Netflixの世界トップランキング（非英語TV部門）で9週1位を記録した『ウ・ヨンウ弁護士は天才肌』は，ASTORYの成功モデルとして知られる。韓国通信大手KTグループ傘下「KTスタジオジニー」と共同制作の座組を組み，世界配信権をNetflixが購入したかたちだ。これによってASTORYが主導権を握り，ウェブトゥーン（縦型漫画）化やリメイクなどを含めた360度グローバルIPビジネス展開を進めている。

日本でもスタジオ第1号と位置付けることができる組織が誕生した。TBSホールディングス100％出資の「THE SEVEN」だ。2023年末には緑山スタジオ内に新た

に総工費20億円をかけたTHE SEVEN専用のM6スタジオを完成させ，制作機能を完備する。Netflix 作品などを手掛けながら，今後，海外との共同制作なども見据えている。

●時代に合わせたエコシステムとしての国際共同制作

　動画配信プレイヤーの競争激化，巨額投資のコンテンツ大量生産，スタジオ組織の出現が市場トレンドとしてあるなかで，規模を問わずどのプレイヤーも参画しやすいのが国際共同制作だろう。プロジェクトごとに連携し，それぞれのIP力や企画力，ネットワーク力などを活かし，コンテンツの価値を最大化していくやり方だ。ドキュメンタリーからバラエティ，ドラマまで国際間で共同制作する手法は従来からあるが，時代に合わせたエコシステムとして国際共同展開の需要が高まっている。要因として，独占配信コンテンツだけでなく，非独占を選択する動きが活発化していることが大きい。放送局と配信プレイヤーが組み，国境を超えた体制で連携するケースが実際に増えている。MIPCOMカンヌでは2022年に国際共同制作コミュニティとして「シービュー・プロデューサーズ・ハブ」が立ち上がり，資金調達からパートナー探しまでネットワークに軸足が置かれていることがわかる。

　国際共同制作の成功事例を挙げると，スペインの大手制作配給会社のメディアプロが主導したドラマ『THE HEAD』（日本ではHuluオリジナルとして独占配信）がある。100の国・地域以上に広がる実績を作り，Hulu Japanが出資参加したことからも注目に値する。本作は出演者からスタッフまで多国籍な人材で英語言語の作品を実現し，日本からはシーズン１で山下智久が，シーズン２で福士蒼汰が出演した。2023年の時点でシーズン３の製作が進められていることがわかっている。製作総指揮を務めたラン・テレム氏はスペインの2023年のドラマ祭「イベルセリエス」で，成功の要因を「10年前と比較すると，多様な視点，新しいストーリー，新しい表現のドラマが増えていることが大きい」と語っていた。クリエイティブとビジネスの両面からニーズが高まっている流れを受けて，Hulu Japanはドイツの老舗配給会社ベータ・フィルムとドイツの公共放送傘下のZDFスタジオの２社が設立した新合弁会社インタグリオ・フィルムズなどとも国際共同制作プロジェクトを進めている。

●日本の事業者にとって今はチャンスか

　世界のコンテンツ市場の現状は，コロナ流行前から始まっていたトレンドがコロナ後に加速しているといえる。ビジネスモデルの単一化思考に危険信号が灯り，「We are open for business＝開かれたビジネス」が合言葉となって，開発から予算化，製作，流通まで"フレネミー"とも連携するエコシステムが注目されている。なお，フレネミーとはフレンドとエネミー（敵）を掛け合わせた造語である。柔軟性のある国際共同制作やスタジオ組織の取組みは，市場トレンドと呼応したものなのだ。NetflixやAmazonなどもコンテンツ業界の変化に対応した動きを見せている。

　つまり，発想の転換が問われるタイミングにある。日本の事業者にとってこの状況をチャンスとして捉えていくことが重要だろう。国際コンテンツビジネスのバリューチェーンはIPコンテンツが核となっていることから，キー局からローカル局まで豊富で多彩なコンテンツを保有する日本の事業者には利点もある。ただしそれを囲い込むのではなく，共有できるパートナーとタッグを組み，世界的に成功する番組コンテンツを追い求める必要がある。こうした正攻法は世界各国の取組みから答えを探ることができるだろう。それゆえに，市場トレンドを理解することが大事なのである。

第2章

海外販売の業務フロー（1）
コンテンツの選定と見極め〜コンテンツ販売・国際見本市

放送コンテンツの販売は，自社コンテンツを海外販売する計画を立て，準備を始めるのが一般的ですが，ウェブサイト等に掲載しているコンテンツを見た海外バイヤーからの問い合わせをきっかけにビジネスがスタートすることもあります。一般的なコンテンツの海外販売の業務フローは以下のとおりです。

【図表2-1】海外販売の業務フロー

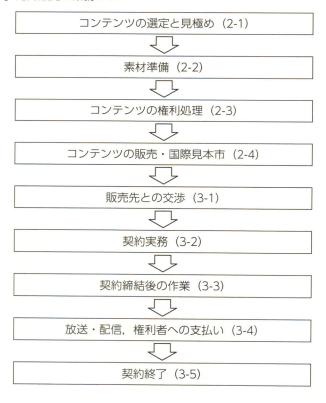

2-1 コンテンツの選定と見極め

　コンテンツの海外販売を始める前に，選定したコンテンツは海外市場でビジネスになり得るのかを冷静に分析しましょう。

(1) 海外市場ニーズの情報収集

　海外で日本のどんなコンテンツが人気なのか，販売候補のコンテンツは海外でニーズがあるのかなどを知るために，市場の情報収集をしましょう。

① すでに海外展開を始めている同業他社等のウェブサイトを閲覧したり，可能であれば関係者にヒアリングする。

② 海外展開支援を行っている法人や業界団体（例：一般社団法人放送コンテンツ海外展開促進機構（BEAJ），独立行政法人日本貿易振興機構（JETRO），特定非営利活動法人映像産業振興機構（VIPO）等[1]のウェブサイト等を閲覧し，情報を収集する。

③ グローバルなコンテンツメディアサイトから情報を得る（C21Media，Content Asia等[2]）。

1　BEAJ　https://www.beaj.jp/
　　VIPO　https://www.vipo.or.jp/
　　JETRO　https://www.jetro.go.jp/industrytop/contents/
2　C21 Media　https://www.c21media.net/
　　Content Asia　https://www.contentasia.tv/

（2） コンテンツや販売体制の確認

① 販売候補のコンテンツは海外で売れるコンテンツなのか？

　日本の視聴率や動画配信再生数，またその評判や話題性を分析するとともに，海外の視聴者にも，ユニークで面白いと思わせる要素があるかどうかを冷静に見極めてください。

② そのコンテンツを販売する権利があるのか？

　そのコンテンツを販売する権利があるのかを事前に確認してください。具体的には，自社がコンテンツの著作権や海外販売の窓口権等を持っているかなどを確認します。後述するように，バイヤーから権利についてChain of Title（第3章3-1（4）⑤参照）を求められることもありますので，この点は販売前にしっかり確認しておきましょう。

③ コンテンツの海外販売ができる体制なのか？

　海外販売を行うにはきちんとした体制が不可欠です。海外用素材の準備や権利処理，販売活動などを行う人員や体制が確保できているかを確認します。もし自社ですべて行うのが難しい場合は，外部の会社に業務の一部を委託するのも一案です。

④ 制作現場の理解・協力が得られるか？

　コンテンツの海外販売を進めるには制作現場の理解・協力が不可欠です。たとえばコンテンツの権利処理には，出演者リストや楽曲情報等が必要です。またフォーマット販売でフォーマットバイブル（第1章1-3-3 Ⅱ-1（4）参照）を制作するには制作現場の協力が不可欠です。そのためには，番組の制作前から海外に展開したい意思を伝えるとともに，海外販売するメリット（収益アップやコンテンツのブランド力アップ等）を丁寧に説明するとともに，時にはプロデューサー等に海外のバイヤーとの打ち合わせに同席してもらい，海外

ニーズや状況を直接聞いてもらう機会を作ることが大切です。

⑤ 販売するコンテンツの話数について
　完パケ販売の場合は，1話ではなく複数話を用意して進めることをお勧めします。バイヤーがシリーズ作品を探していることが多いためです。たとえば，毎年2本ずつ制作し3年で6本のパッケージとして販売する，もしくは他社と協力して同じテーマで作品を集めるなどは1つのアイディアです。

（3） 経費と収入の予測をたてる

① 経費の予測
　まず事前に販売にかかる経費を確認しましょう。費用は主に下記の2つです。
　1） 販売するコンテンツに関する費用。具体的には，海外用の素材制作費，権利処理費等
　2） コンテンツを販売するための費用。具体的には，国際見本市出展費用，PR用ウェブサイトやトレーラー制作の費用等
　上記以外にも，業務委託料やコーディネーター料等費用がかかるケースもあり，自社の販売コンテンツの内容や販売方法を考えながら試算することになります。

② 収入の予測
　収入予測を立てるのは，最初は難しいものです。可能であればすでに海外販売を行っている同業他社に聞くのがよいですが，それが難しければ，国際見本市等でバイヤーと具体的な交渉をしながら実績を積み重ね，少しずつ自社コンテンツの相場を見極めていくことになります。
　長期的には，収入・利益を増やせるよう，まとまったコンテンツを定期的にセールスできる体制を作ることや，自社コンテンツのブランディングのためにプロモーションを行うとともに，積極的に価格や契約条件を交渉していくことが重要です。

2-2 素材準備

　販売コンテンツが決まったら，コンテンツに関わる素材準備を始めます。素材は販売契約締結後，許諾先（ライセンシー）の放送・配信に必要な素材と，販売先を探すために使う販売活動用の素材とに分けられます。できれば，制作現場の協力を得て日本の放送・配信の素材制作時に一緒に海外向け素材を準備しておくと，費用や労力を節約できます。

（1）　許諾先（ライセンシー）の放送・配信に必要な素材

①　映像素材

　放送素材（字幕や音声などもミックスされた完成版素材）は日本語のスーパーが入っているので，日本語放送局以外に販売する場合は不向きな場合があります。日本語のスーパーなどが入っていない白素材（Clean Picture）をコンテンツ制作の段階で確保しておいてください。

②　音声素材

　音声素材は，ME（Music（音楽）とEffect（効果音））と現場音を別の音声トラックで収録・保存してください。海外で吹替版を制作する場合，すべてがミックスされた音声素材では編集ができないためです。

●トラック別収録の音素材の例
a. バラエティ

トラック1	ALL MIX	日本語完パケ（完成版）
トラック2	STUDIO	スタジオ収録音
トラック3	VTR	収録時にサブ出しで使うVTR
トラック4	MUSIC	音楽
トラック5	SE	効果音
トラック6	NOISE	ノイズ（スタジオの観客などの音声）

b. アニメ・ドラマ

トラック1	ALL MIX	日本語完パケ（完成版）
トラック2	ME MIX	音楽と効果音を合わせて調整した音
トラック3	MUSIC	音楽
トラック4	SE	効果音
トラック5	DIALOGUE	アフレコ（セリフ）

③　ミュージックキューシート

　ミュージックキューシートとは番組のタイムコードに沿って，以下のような情報を掲載した使用楽曲報告書のことです。このシートに基づいて，販売先が現地の音楽著作権管理団体に楽曲の演奏権（Performing Rights）の権利処理をすることになります。音楽著作権団体に提出する報告書を英訳して使うことが多いようです。

●ミュージックキューシートに掲載する情報（例）
・基本情報（曲名，作詞（訳詞）者，作曲（編曲）者の情報）
・基本情報（演奏・歌唱者の情報）
・音楽出版社の情報
・使用条件（背景音楽，テーマ音楽，挿入作品の区別等）
・利用時間
・音源区分（CDか生音源か）

④ 台 本

　ドラマやバラエティ番組などは収録時に変更が入るので，その変更内容をオリジナル台本に反映した最終台本を制作します。この最終台本をベースに，販売先で現地語版の台本を作ることになります。ゼロから書き起こすのも大変なので，放送時に制作したクローズドキャプション（難聴者向けに制作される追加字幕情報）や，音声から文字起こしをするソフトなどを利用するなど工夫をしてください。またバイヤーによっては英語台本を要求してくることもあります。

　ドラマ等の場合，撮影前に台本データをもらい，現地で先に翻訳をしておき，その後撮影時の修正点を送れば，現地での準備時間を短縮することができます。翻訳によりニュアンスなどが変わってしまう可能性があるので，現地語版の台本について，できれば事前監修することをお勧めします。

⑤ 英語版タイトル，ロゴ

　原作のある作品ではすでに英語版タイトルがある場合もありますが，そうでない場合は，制作者等と相談して事前に英語版タイトルを考えておくと海外への販売時から使えます。またリメイク販売やフォーマット販売の場合は，英語版ロゴを制作することもあります。

⑥ 著作権表記（クレジット）

　海外展開で使う著作権表記（英語版）を事前に確認します。

　表記する要素はコンテンツごとに違います。下記の要素はその一例です。

完パケ販売	放送局，制作会社，原作者（出版社・作家），脚本家
リメイク	原作者（出版社・作家），脚本家，オリジナル版放送局・制作会社，オリジナル版タイトル
フォーマット	オリジナル版放送局・制作会社，オリジナル版タイトル，プロデューサー名等

⑦　番組宣伝用（PR）素材

　現地で使うコンテンツの宣伝用素材も，本編素材と同様に重要です。自社での放送や配信のタイミングで一緒に用意しておくとよいでしょう。

・宣伝用動画（PRスポット）（15秒〜１分程度）
・キービジュアルデータ（ポスター，ウェブサイト等で使用）
・出演者や収録時の場面写真や動画
・コンテンツの概要（ドラマの場合は各話のあらすじなど）

　PRスポットの現地版をオリジナル版を利用して制作する場合は，PRスポットの白素材・音分け素材を用意し，オリジナル版と一緒に提供します。またドラマなどで出演者の写真や動画を使用する場合や，現地用宣伝素材をライセンス先が素材から制作する場合は，出演者等権利者の許諾や著作権表示が必要な場合があるので事前に確認します。

（2）　セールス活動に使う資料・素材

　成約後に使用する素材準備の他に，コンテンツの販売用の資料や素材を制作する必要があります。具体的には，海外向けセールスシートやカタログ，またウェブサイトに載せるオンラインカタログやトレーラー等です。これらの資料や素材制作にあたって重要なことは，海外のバイヤーに向けて制作することです。日本の販売資料を英語に翻訳して，セールスシート等として利用しているケースを時々見かけますが，お勧めしません。海外のバイヤーにアピールするポイントが違うからです。海外向けに新たに制作することをお勧めします。

①　セールスシート，カタログ

　国際見本市の参加時にバイヤー向けに番組の説明資料として使われるのが，セールスシートや，セールシートをまとめて冊子としたカタログです。これらには，コンテンツのタイトル，ジャンル，話数，コンテンツの長さ，日本での初放送・配信時期，あらすじや概要，さらにコンテンツの強みやポイント（た

とえば出演者や原作者，脚本家，プロデューサーの経歴や実績，日本での視聴率，視聴シェアや賞の受賞歴等）など海外のバイヤーにアピールできる要素を記載するとよいでしょう。セールスシートは，たとえばパワーポイントの資料のようなものでも構いません。コンテンツが魅力的に感じられる内容が重要です。セールスシートをオンラインカタログと一緒に制作すると省力化できます。

【図表2-2】番組カタログの例（日本テレビ『Old Enough！』）

©Nippon TV
出所：https://www.ntv.co.jp/english/pc/2011/02/old-enough.html

番組カタログをウェブサイト上に掲載しています。印刷するとセールスシートとして使えます。

② オンラインカタログ

　今はリアルな国際見本市に参加しなくとも，オンラインカタログサイトでコンテンツを紹介し，興味を持ったバイヤーと交渉できる機会も増えてきました。自社ウェブサイトに海外向けコンテンツの情報を載せれば，世界中のバイヤーへのリーチが広がります。国際見本市などで特に売り込みをしていないのに，自社のウェブサイトに掲載した番組情報への問い合わせで海外へコンテンツ販売が決まった例も少なくありません。

　ただし，オンラインカタログサイトの立ち上げには費用がかかります。またバイヤーは最新のコンテンツ情報を探しているため，サイトの情報は頻繁に更新することも重要です。さらに，バイヤーにサイトを認知してもらうためにSEO対策（検索エンジン最適化）や積極的なプロモーションを行っていくことも必要です。こうしたサイトの管理を自社で行うのが大変な場合は，既存の海外向けオンラインカタログサイトや海外のスクリーニングサイトを利用して，海外バイヤーに自社コンテンツをPRするのも一案です。

● 「Japan Program Catalog（JPC）」の例

　BEAJが運営する会員社向け日本コンテンツのカタログサイト「Japan Program Catalog（JPC）」は，海外バイヤー向けに日本全国の放送局，ケーブルテレビ局，制作会社などが提供するアニメ，ドラマ，バラエティ番組，フォーマットなどさまざまな日本のコンテンツを掲載しているカタログサイトで，500名を超えるバイヤーが登録しています（2023年11月）。

　常時，日本コンテンツの最新ニュースを海外に発信するほか，MIPCOMやATFなどの国際見本市のタイミングでは公式ウェブサイトと連携しています。また，世界的なメディアサイトC21 Mediaと連携して，デジタルスクリーニングイベントを開催するなど，海外バイヤーとの接触機会を積極的に創出しています。

【図表2-3】 Japan Program Catalog (JPC) の番組紹介画面の例[3]

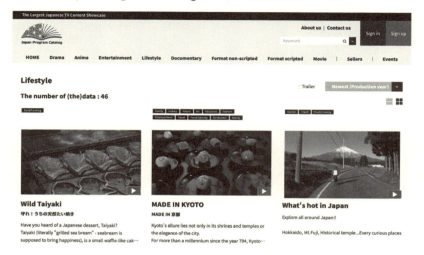

③ トレーラー

　コンテンツを購入するバイヤーが最初にチェックするのが，トレーラーです。トレーラーとは，番組の魅力と概要をまとめた1～2分程度の説明用動画です。海外バイヤーは，国際見本市やオンラインカタログなどでトレーラーを視聴し，興味を持てば，コンテンツの詳しい情報を求めてきますが，興味を持たなければそこで終了です。そういう意味で，トレーラーは海外販売の最初の関門です。大手制作会社や配給会社が労力やコストをかけて，魅力的なトレーラーを制作するのはそのためです。

　日本の放送時に使った宣伝用動画素材（PRスポット）に英語字幕などをつけてトレーラーとして利用しているケースが散見されますが，日本の視聴者と違う感覚を持つ海外バイヤーには響きません。海外にコンテンツを販売するのであれば，海外バイヤー向けのトレーラーを新たに制作することを検討してください。

3　https://www.japan-programcatalog.com/en/

● トレーラー制作のポイント
　a．トレーラーの長さは約90秒〜120秒とする。
　b．視聴者ではなく，バイヤーがターゲットであることを意識する。
　c．コンテンツを説明するのでなく，バイヤーの感性に訴えるように制作する。
　d．音楽は重要。よいタイミングで効果的に使う。

【図表2-4】素材準備の例

	アニメ	ドラマ	リメイク
映像素材	・完パケ素材 ・白素材（音声がMEなどトラック別になっているもの）	・完パケ素材 ・白素材（音声がMEなどトラック別になっているもの）	・完パケ素材 ・（英語字幕版や英語字幕データ）
音素材	・トラック別に，アフレコ，効果音，音楽等を収録（現地で吹替版を作成）	・トラック別に，アフレコ，効果音，音楽等を収録（現地で吹替版を作成）	・現地で日本版の効果音，音楽を使う場合は用意
台本など	・最終台本（これをもとに，現地語字幕や現地語アフレコ台本等を作成）	・最終台本（これをもとに，現地語字幕等を作成）	・最終台本 ・全体および各話ごとのシノプシス（あらすじ） ・プロット（構成要素）
その他	・英語版タイトル，ロゴ ・英語版クレジットリスト ・著作権表記 ・ミュージックキューシート ・PR用動画 ・PR素材（場面写真） ・各話予告素材 ・キービジュアル ・オープニング，エンディングの主題歌情報	・英語版タイトル，ロゴ ・英語版クレジットリスト ・著作権表記 ・ミュージックキューシート ・PR用動画 ・PR素材（場面写真） ・各話予告素材 ・キービジュアル	・英語版タイトル，ロゴ ・英語版クレジットリスト ・著作権表記 ・宣伝用素材 ・（ミュージックキューシート）
宣伝素材	・セールスシート ・カタログ ・オンラインカタログ ・トレーラー	・セールスシート ・カタログ ・オンラインカタログ ・トレーラー	・セールスシート ・カタログ ・オンラインカタログ ・トレーラー

2-2 素材準備 67

	バラエティ	フォーマット	ドキュメンタリー
映像素材	・完パケ素材 ・白素材（音声がMEなどトラック別になっているもの）	・完パケ素材 ・（英語字幕版や英語字幕データ）	・完パケ素材 ・白素材（音声がMEなどトラック別になっているもの）
音素材	・トラック別に，アフレコ，効果音，音楽等を収録（現地で吹替版を作成）	・現地で日本版の効果音，音楽を使う場合は用意	・トラック別に，アフレコ，効果音，音楽等を収録（現地で吹替版を作成）
台本	・最終台本（これをもとに，現地語字幕等を作成）	・フォーマットバイブル	・最終台本（これをもとに，現地語字幕等を作成）
その他	・英語版タイトル・ロゴ ・英語版クレジットリスト ・著作権表記 ・ミュージックキューシート ・PR用動画 ・PR素材（場面写真） ・各話予告素材 ・キービジュアル	・英語版タイトル・ロゴ ・英語版クレジットリスト ・著作権表記 ・キービジュアル ・宣伝用素材 ・（ミュージックキューシート）	・英語版タイトル・ロゴ ・英語版クレジットリスト ・著作権表記 ・ミュージックキューシート ・PR用動画 ・PR素材（場面写真） ・キービジュアル
宣伝素材	・セールスシート ・カタログ ・オンラインカタログ ・トレーラー	・セールスシート ・カタログ ・オンラインカタログ ・トレーラー	・セールスシート ・カタログ ・オンラインカタログ ・トレーラー

※ 映像の完パケ素材は，オリジナル版の他，英語字幕版や英語字幕データを求められることがあります。

※ ライセンシー（許諾先）により，求められる提供素材は違うのであくまで一例としてお使いください。

2-3 コンテンツの権利処理

　コンテンツの海外番販を行う際，大切な業務の1つが権利処理です。

　たとえばドラマの完パケ販売の場合，原作，脚本，音楽，実演，借用映像などについて海外における使用の許諾を事前に取ったうえで，使用料を支払うことが必要です。金額は使用形態や番組ジャンルなどによって異なり，使用料率も適宜更新されるので注意が必要です。権利処理の方法は各権利者団体を通した作業が多いですが，権利者の事務所や権利者本人と直接交渉する場合もあります。

【図表2-5】権利処理の分類と関連団体（例）

著作権	原作・脚本	（公社）日本文藝家協会
		（協組）日本脚本家連盟
		（協組）日本シナリオ作家協会
		もしくは個別出版社
	音楽（作詞・作曲）	（一社）日本音楽著作権協会（JASRAC）
		（株）NexTone（ネクストーン）
著作隣接権	実演（映像）	（一社）映像コンテンツ権利処理機構（aRma）
		もしくは個別芸能事務所等
	実演（レコード）	（公社）日本芸能実演家団体協議会・実演家著作隣接権センター（芸団協CPRA）
	レコード製作者	（一社）日本レコード協会

（1） 原作・脚本

　原作（小説や漫画など）をもとにドラマやアニメを制作した場合は，原作を制作した原著作者に対して許諾を取り，使用料を支払う必要があります。またドラマをリメイクする際も同様の権利の許諾を得る必要があります。著作権法で「翻訳権・翻案権等」（第27条）「二次的著作物の利用に関する原著作者の権利（第28条）として保護されている権利です。通常は原作の出版社などと交渉するケースが多いですが，場合によっては原作者と直接交渉する場合もあります。また脚本も原作の有無にかかわらず，原作と同様に，利用にあたっては脚本家から許諾を得る必要があります。

　原作者が公益社団法人日本文藝家協会，脚本家が協同組合日本脚本家連盟，協同組合日本シナリオ作家協会のいずれかに所属している場合は，海外での利用についてそれぞれの団体と放送事業者等があらかじめ取り決めた料率に従って使用料を支払いますが，その他の場合は個別交渉となり，一部の例外を除き，各事務所や個人と直接交渉する必要があります。なおドラマや番組などで小説や脚本の一節を朗読した場合にも権利の許諾が必要です。

- 公益社団法人日本文藝家協会
  https://www.bungeika.or.jp/
- 協同組合日本脚本家連盟
  https://www.writersguild.or.jp/rights-use/howto
- 協同組合日本シナリオ作家協会
  https://www.j-writersguild.org/categorized-entry.html?id=3103

（2）　音楽（楽曲）

　音楽（楽曲）の権利処理は，国により制度，運用が異なるため注意してください。

①　著作権の処理

　楽曲の作詞・作曲は「著作権」で保護されており，権利処理する必要があります。

　放送曲は通常，一般社団法人日本音楽著作権協会（以下「JASRAC」といいます）と年間包括（ブランケット）契約を締結しており，放送コンテンツの国内利用に関し契約で許諾された範囲内であれば，毎回楽曲の権利処理をする必要がありませんが，海外での利用はこの契約の範囲外です。海外での放送で発生する演奏権（Performing rights，著作権を構成する権利（支分権）の1つで，公衆に聞かせることを目的に演奏する権利のこと）については現地で権利処理をする必要があります。

　たとえばJASRAC管理楽曲を使う場合，JASRACと相互管理契約が締結されている国では演奏権の処理は，現地の著作権管理団体（例　米国はASCAP，BMI，SESAC，フランスはSACEM，タイはMCT，台湾はMUST，香港はCASH等。2023年11月現在）が行うことになっていますので，ミュージックキューシート（使用楽曲報告書・第2章2．Ⅰ③参照）をライセンス先に送り，現地の管理団体に報告と支払いを行うよう契約に盛り込むようにしてください。ただし国によって上記の相互管理契約をしていないところがあるので，販売前にウェブサイト等で確認してください（JASRACレパートリーが管理されている国・地域　https://www.jasrac.or.jp/aboutus/global-network/pdf/territory.pdf）。

　また海外の楽曲や日本楽曲でも法人や個人が独自に管理している楽曲等は要注意です。個別に権利者にコンタクトをして権利処理をする必要があります。

② 原盤権の処理

音楽については，生演奏や生歌唱を除き，上記の演奏権とは別に，原盤権の処理をする必要があります。原盤とは楽曲を作成する際，ボーカルによる歌唱，バンドによる演奏等がレコーディングされ，それぞれの音を調整して作られるマスター音源のことで，これに関する権利を原盤権と呼びます。レコード会社等が保有・管理することが多く，レコード製作者の権利とも呼ばれます。海外での利用について，一般社団法人日本レコード協会（以下「レコ協」といいます）がさまざまな団体と協定を定めているので，それに従って使用料を支払います。

たとえば，民間放送局が映像コンテンツを海外で利用する場合，一般社団法人日本民間放送連盟（以下「民放連」といいます）の加盟放送局であれば，民放連とレコ協との協定に従ってください。なお2017年の本協定で，以前からの放送に加え，配信も海外利用の対象となりました（アニメを除く）。ただし洋盤を使用する際は，放送・配信のいずれも一定の条件付きの利用許諾のため，もし協定外の利用と判断された場合は，レコード会社と改めて交渉する必要があります。このように洋盤の利用は，条件の確認も含め労力と費用がかかる可能性が高く，音楽を差し替えて対応することがあります。

（3） 実　演

① 実演（映像）

実演家とは「出演者」のことです。俳優・女優や歌手，ダンサーなど広い意味で演じる人のことを指します。実演家の権利は著作隣接権として保護されています。たとえば，ドラマには多くの出演者がいますが，一部の例外を除き，出演者全員の権利処理を行う必要があります。

実演家の権利処理業務は，以前は一任型の権利処理（実演家が著作権等管理事業者に権利を委任する）を公益社団法人日本芸能実演家団体協議会が，非一任型の権利処理を一般社団法人日本音楽事業者協会が担う二元体制で行われていました。その後，権利処理作業を簡便にするため，2009年に一般社団法人映

像コンテンツ権利処理機構（以下「aRma」といいます）が設立され，以降は申請，許諾，支払いを一元的にaRmaを通して行えるようになりました。

ただし，aRmaに委任等を行っていない実演家（出演者）は，個別に処理を行う必要があるので注意が必要です。

販売先や販売条件が明らかになったら，速やかにaRmaに仮申請をします。番組の実演家（出演者）リストを送り，aRmaはそれをもとにその番組の各実演家（出演者）の実演を管理する事務所を確認して対応の可否を判断し，依頼者に連絡します。その後，依頼者はaRmaを通じて許諾可能な実演家（出演者）について本申請を行い，使用許諾を取ります。

一任型の実演家については，aRmaが申請内容を見て許諾の可否を判断します。非一任型の実演家については，窓口のaRmaを通じて個別に許諾が判断され，その結果は，aRmaを通じて申請者に伝えられます。

【図表2-6】申請の流れ

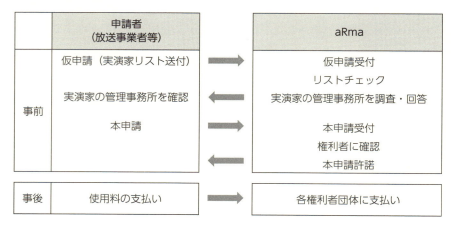

一任型の実演家の実演を管理する事務所の所属団体
- 一般社団法人日本音楽制作者連盟（音制連）
- 一般社団法人映像実演権利者合同機構（PRE）
- 一般社団法人MPN（MPN）　他

非一任型の実演家の実演を管理する事務所の所属団体

- 一般社団法人日本音楽事業者協会（音事協）

なお，こうした申請作業や，支払い手続きは，aRmaの権利処理システムARMsを使って行います。

一任型の使用料についてはaRmaの使用料規程を参照してください。

URL： https://www.arma.or.jp/contents.html

② 実演（レコード）

レコード実演の海外利用については，公益社団法人日本芸能実演家団体協議会・実演家著作隣接権センター（以下「芸団協CPRA」といいます）がさまざまな団体と協定を定めています。

たとえば，民間放送局が映像コンテンツを海外で利用する場合，民放連の加盟局であれば，芸団協CPRAと民放連の協定に従って使用料を支払います。なお，本協定では2017年に以前からの放送に加え，配信による海外利用も対象となりました（アニメを除く）。配信の海外使用料についてはレコ協を通じて支払います。ただし，洋盤の使用については原盤権の処理と同様に，改めてレコード会社等と交渉が必要になる場合があります。

（4） 借用素材

コンテンツなどの二次利用で課題となるのが，借用素材です。借用素材には，映像の他にも写真，絵画，イラスト，記事，キャラクター等さまざまな著作物が含まれます。たとえばコンテンツの制作時に日本での放送のみの許諾を受けている場合，海外で利用する場合は改めて交渉を行い，権利の許諾を得る必要があります。そのために，制作現場と密に連携し，日本の放送・配信以外の使用を想定し，権利者の連絡先や条件などを事前に確認しておくことが重要です。

2-4 コンテンツの販売・国際見本市

　すでに実績のある放送局や制作会社等は，直接取引できるルートがありますが，初めてのコンテンツを販売する場合は国内外の配給会社やエージェントなどを利用することもあります。

【図表2-7】コンテンツの販売方法

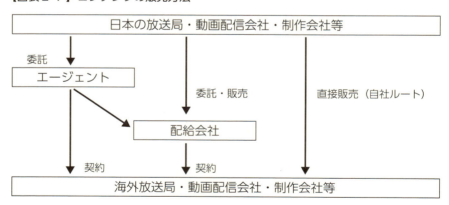

　新規の顧客を開拓するには，国際コンテンツ見本市（「国際見本市」）に出展することが効果的です。

2-4-1 国際見本市の意義

　自社のコンテンツを広く海外に発信していくには，国際見本市に参加することが第一歩となります。国際見本市には以下の３つの役割があります。

①　商談の場＝出会いやネットワーキングの場

　新規バイヤーや共同制作のパートナーを探す場合，リアルな国際見本市に参加することが重要です。オンラインでもバイヤーと知り合えますが，やはり新規取引をする相手として信頼に足り得るかは，直接会ってみるのが一番です。既存のバイヤーやパートナーとの関係を維持するにも重要な場です。

　さらに近年，国際共同制作が増加していることに伴い，国際見本市の場に企画プロデューサーが参加し，企画提案や制作の打ち合わせをするといったことも増えています。特に，特定の分野に特化した見本市では，プロデューサーが共同制作者や出資者を求めてミーティングをしている姿が見られるようになりました。

②　コンテンツのPRの場

　国際見本市は世界からバイヤーが集まっているので，新規コンテンツのプロモーションやお披露目をするのに適しています。また新たなパートナーとの連携・共同制作や出資などを発表する場としても使われます。

③　情報収集の場

　世界のメディアのトレンドや最新コンテンツ情報をキャッチアップするのに適した場所です。国際見本市ではデジタルメディアや雑誌などで，その時期の一番ホットな情報が集められているからです。

2-4-2 国際見本市の例

　以下が放送コンテンツ等の主な国際見本市です。さまざまなジャンルを扱う総合的な国際見本市のほかに，特定の分野に特化した国際見本市も多く開かれています。出展社は米国の新クールスタート（9月）直後のMIPCOM等に合わせて新番組をアピールするケースが多いようです。

【図表 2-8】世界の主な国際見本市（例）

開催月	見本市	開催地	専門見本市	開催地
6月			Annecy国際アニメ映画祭 （アニメ）	フランス・ アヌシー
			Suny Side of the Doc （ドキュメンタリー）	フランス・ ロシェル
8月	BCWW	韓国・ソウル		
10月	MIPCOM	フランス・カンヌ		
	TIFFCOM	日本・東京	Tokyo Docs （ドキュメンタリー）	日本・東京
11月			Content London （フォーマット・リメイク等）	イギリス・ ロンドン
12月	ATF	シンガポール		
3月	香港 フィルマート	香港	AnimeJapan （アニメ）	日本・東京
			Series Mania （ドラマ，リメイク等）	フランス・ リール

（1） さまざまなジャンルのコンテンツを扱う総合国際見本市

1 MIPCOM

　MIPCOMは毎年10月にフランス・カンヌで開かれる世界最大級の国際見本市です。世界中から放送局，グローバル動画配信会社，制作会社や配給会社などが集まり，コンテンツの最新トレンドについて等さまざまな基調講演（キーノートスピーチ）やセッション，プレミアムイベントなどが行われます。また会場内で，MIPCOM参加者によるコンテンツの売買交渉や共同制作などの商談が行われます。

　コンテンツの最新トレンドをつかめるだけでなく，情報発信の場としても最適ですが，他方，グローバル企業が莫大なコストをかけて売り込む場所でもあり，参加するのであれば周到な準備をして臨むことが必要です。

【図表2-9】主な参加国の参加者数とそのコンテンツジャンル別割合

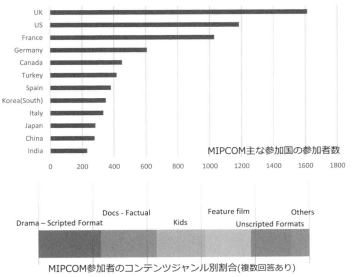

出所：2023年10月25日RX France 東京オフィス「MIPCOM2023統計資料」より引用

① MIPCOM 2023の概要（主催者発表）

期　　間	2023年10月16日（月）〜19日（木）【4日間】
会　　場	フランス・カンヌ Palais des Festivals
主　　催	RX France
参加者数	約11,000人，バイヤー数 約3,500人
参　加　国	約100の国・地域

② MIPCOM 2023の傾向（主催者への書面インタビュー）

　配給会社やバイヤーが多く，リニアTVからFAST（広告付無料ストリーミングサービス）まで，幅広いコンテンツの商談が行われていました。制作費，特にドラマの制作費は世界的に上昇しており，その回収にはグローバルに通用する作品を製作し，海外からも収入を確保する必要があるためグローバル・パートナーと共同制作をするケースが増えていて，会場でも多くの商談が行われています。2023年のMIPCOMで目立ったコンテンツはドラマで，特に「怪傑ゾロ」の実写化，ロマンティックドラマ「アリス＆ジャック」，AIを活用したコミュニティを舞台に監視社会を描く「コンコルディア」の3作品は，いずれもグローバルな魅力と普遍的なテーマを持つドラマとして注目を集めました。

　テクノロジーでは，AIと FAST Channelのセッションが注目を集め，最新TVコンテンツ制作をテーマにしたセッション「Content Creation Summit」が満席となりました。

〈主催者の一言〉

　グローバル動画配信サービスのおかげで，米国でも他国のドラマを視聴するようになるなど，コンテンツの流通形態が変化しています。今や国境を越えるコンテンツ制作は本気で取り組むに値するビジネスになってきたといえるでしょう。画期的なストーリーや脚本の充実が成功の秘訣といわれているなかで，最適なパートナーと効率的に会えることが今後重要になってくるといえそうです。そういう意味で，MIPCOM などの国際見本市の役割も転換期に来ているのではと感じます。

【図表 2-10】MIPCOM 会場：Palais des Festivals

③　MIPCOM で開催された日本コンテンツのPRイベント

● TREASURE BOX JAPAN 2023（TBJ）

開催日	2023年10月16日（月）
会　場	Palais des Festivals　Hi5-Studio
主　催	放送コンテンツ海外展開促進機構（BEAJ）
司　会	WIT社　Viginia Mouseler氏，BEAJ Mathieu Bejot氏
パネリスト	Small World社　Tim Crescenti氏， Empire of Arkadia社　Fotini Paraskakis氏
登壇者	日本テレビ，TBS，テレビ東京，フジテレビ，読売テレビ，朝日放送テレビ（ABC）
概　要	日本の最新バラエティフォーマットのプレゼンテーションイベント。会期初日にバラエティ番組の企画のプレゼンテーションを，世界のバイヤーやプロデューサー向けに行いました。

【図表 2-11】
TREASURE BOX JAPAN
2023開催告知広告

【図表 2-12】ABCのプレゼンの様子

● MIPCOM BUYERS' AWARD for Japanese Drama 2023

開催日	2023年10月16日（月）
会　場	Majestic Hotel
主　催	国際ドラマフェスティバル in TOKYO 実行委員会 （見本市主催者RX Franceとの連携事業）
概　要	ヨーロッパを中心とする海外バイヤーが日本のノミネートドラマのなかから「自分が買いたい」，「自分のマーケットで紹介したい」と思う作品を選出します。MIPCOM公式イベントとして実施され，2023年で14回目を迎えました。2023年は，NHKと在京・在阪・衛星系の民放から10作品がノミネートされ，そのなかから『VIVANT』（TBS）がグランプリを，『連続ドラマW　フェンス』（WOWOW）が奨励賞を受賞しました。

【図表2-13】「MIPCOM BUYERS' AWARD 2023」の会場の様子

©Setsuko Inaki

④ スケジュール（MIPCOM 2023の例）
 2023年6月中旬 出展社，バイヤー募集開始
 2023年7月末日 出展社応募締め切り

⑤ 問い合わせ先
 ● RX France 東京オフィス
 TEL   03（6264）0193
 ウェブサイト https://www.mipcom.com/
 住　所 東京都中央区築地2-14-6　LXS築地1402

2 TIFFCOM

国際映画祭である「東京国際映画祭（TIFF）」と併催され，マルチジャンルで展開するアジアを代表する国際見本市です。

【図表2-14】「TIFFCOM 2023」の会場の様子

① TIFFCOM 2023の概要（主催者発表）

期　　間	2023年10月25日（水）～10月27日（金）【3日間】
会　　場	東京都立産業貿易センター浜松町館
主　　催	経済産業省，総務省，公益財団法人ユニジャパン
総参加者数	3,851人（海外および国内）
海外からの参加者数	1,375人
参加国・地域数	52
出展団体数	349

② TIFFCOM 2023の傾向（主催者へのインタビュー）

会場は東京都立産業貿易センター浜松町館4フロアで展開されました。

日中の映像産業の協力に関するフォーラムやタイのBLコンテンツのセッション等7つのセミナーの他，8作品（映画，アニメ）の試写会が行われました。

マッチングイベントは，映画制作の資金調達のマッチングイベント「Tokyo Gap-Financing Market」のほか，「Tokyo Story Market」が開催されました。後者は出版社（KADOKAWA，講談社，集英社，小学館）と日本原作を求める映像プロデューサーをつなぐイベントとして，今年新たに企画されたものです。

〈主催者の一言〉

　4年ぶりのリアル開催でしたが，どのフロアも3日間盛況で手ごたえを感じました。アジアのみならず欧米のコンテンツ関係者も多く来場していた印象です。

　東京での開催というメリットを最大限に生かし，ローカル局等多くの方にご参加いただけるように，ブース出展にさまざまなパターンを用意するほか，ピッチイベント等で海外バイヤー等と交流する機会を作ることなどを今後検討しています。

　「Tokyo Story Market」は近年，日本のストーリーが海外から注目されているなかで，日本の原作の魅力を海外にアピールする一助になればという思いで企画しました。日本のコンテンツを海外に広げるためには，制作者も番組の海外販売担当者も，クリエイターとビジネスマン，両方のマインドをもつことが必要だと感じています。

③　スケジュール（TIFFCOM2023の例）

2023年	3月	出展社募集開始
2023年	5月	バイヤー募集開始
2023年	7月末日	出展社応募締め切り

④　問い合わせ先

● TIFFCOM事務局

Email	contact@tiffcom.jp
ウェブサイト	https://tiffcom.jp/
住　所	東京都中央区築地4-1-1　東劇ビル15階

3 ATF（Asia TV Forum＆Market）

ATFはアジア太平洋地域を代表するグローバル国際コンテンツ見本市です。コンテンツのライセンス以外にも，共同制作，資金調達の機会を創出します。

① ATF 2023の概要（主催者発表）

正式名称	Asia TV Forum & Market（ATF） 2023
期　　間	2023年12日6日（水）〜12月8日（金）【3日間】
会　　場	シンガポール　Marina Bay Sands（マリーナベイ・サンズ）Sands Expo & Convention Centre
主　　催	RX Singapore
総参加者数	4,511人（55の国・地域）
総バイヤー数	911人
総セラー数（社）	715社（39の国・地域）

【図表2-15】「ATF2023」の会場の様子

② ATF2023の傾向（主催者への書面インタビュー）

今回の見本市にはさまざまな国・地域が出展していましたが，そのなかで特に目立っていたのは中国でした。中国の大手動画配信サービスiQIYI，中国の制作会社Linmon Media International等，多くの中国の会社が出展したほか，各所でセミナーを開催していました。その他，NetflixやViuなどのグローバル動画配信サービスが今まで以上に多くの中国シリーズを扱い，TencentやiQIYIなどは東南アジアに進出し，特にシンガポールやタイで存在感を示していると感じています。

2023年も会場ではさまざまなセッションが行われましたが，注目トピックは，コンテンツ，ファイナンス，収益モデルについてでした。コンテンツ制作費が上昇し，その結果，制作費の集め方，そして回収の仕方に大きな関心が集まりつつあるといえます。そのせいか，今年度は制作部門（プロデューサー等）の参加者が増えました。その他，動画配信サイトはSVOD（定額制動画配信サービス），AVOD（広告掲載型動画配信サービス）に加え，台頭しつつあるFAST（広告付き無料ストリーミングTV）やAIのセッションが注目を集めました。

日本のコンテンツでは，動画配信サイトのバイヤーも含め，アニメが人気で，需要が多いです。その他では，ドラマ，ドキュメンタリー，旅行，バラエティなど，他国と競合が激しいジャンルについて，バイヤーが興味を持っているようです。日本で人気があるコンテンツは，海外バイヤーも興味を持ってくれる可能性が高いです。

日本のリメイク，フォーマットは，世界的な知名度を獲得しているコンテンツもありますが，まだ伸びしろがあると感じています。この分野のカギはコンテンツの強さです。韓国のコンテンツは，視聴者の興味やトレンドをマーケティングしたうえで制作しているからこそ，世界の視聴者の共感を得られているのだと思います。

〈主催者の一言〉

　アジアのコンテンツ制作力は近年大幅に上昇し，デジタルメディアの興隆によって世界レベルでの知名度も上がっています。ATFは今までコンテンツの流通市場という面が強かったですが，今やそれに加えて，各国向きのコンテンツを共同制作するための協議の場へと進化しています。今回グローバルな制作会社や団体がさまざまなピッチセッションを開催したのはその一例です。

③　ATFで開催された日本コンテンツのPRイベント例

●「Drama Gems from JAPAN」

開催日　　2023年12月6日（水）

会　場　　Marina Bay Sands

主　催　　放送コンテンツ海外展開促進機構　（BEAJ）

司　会　　BEAJ　Mathieu Bejot氏

概　要　　日本の最新ドラマのプレゼンテーションイベント。ドラマは完パケコンテンツ（番組）だけではなく，リメイク権もライセンス対象となります。本イベントでは10社（日本テレビ，フジテレビ，テレビ朝日，TBS，テレビ東京，読売テレビ，毎日放送，中京テレビ，NHKエンタープライズ，WOWOW）のドラマのトレーラーを紹介し，そのうち2作品については放送局の担当者が登壇し，番組の魅力について詳しく解説しました。

【図表 2-16】「Drama Gems from JAPAN」の様子

④ スケジュール（ATF 2023の例）

2023年3月上旬	応募開始
2023年9月下旬	出展社応募締め切り（ただし，パビリオン共同出展の募集等で出展する場合は，募集時期は異なるので別途確認が必要）
2023年10月下旬	各種イベント募集開始（マッチングイベント等）

⑤ 問い合わせ先

● ATF日本事務局　RX Japan株式会社 ISG内

Emai	isgjapan@rxglobal.com
ウェブサイト	https://www.asiatvforum.com/
住　所	東京都中央区八重洲2-2-1 東京ミッドタウン八重洲 八重洲セントラルタワー11階

4 香港フィルマート

　2024年で28回目を迎える，映画，テレビ，アニメーション等を網羅するアジア最大級のコンテンツマーケット。アジアだけでなく欧米からの出展社，参加者が多いことが特徴で，各国・地域のパビリオンで，映画，アニメ，テレビ番組などのプロモーションを行うとともに，新作の俳優を交えた記者発表会等のイベントや各種セミナーも行われ，アジアのエンターテイメント業界の最新動向にも触れることができます。

① 香港フィルマート2024の概要

　正式名称　　Hong Kong International Film & TV Market 2024
　期　　間　　2024年3日11日（月）〜3月14日（木）【4日間】
　会　　場　　香港，Hong Kong Convention & Exhibition Centre（HKCEC）
　主　　催　　Hong Kong Trade Development Council（香港貿易発展局）

② 香港フィルマート2024の実績（主催者発表）

　総参加者数　7,500人（50の国・地域）
　出展社数　　750社（25の国・地域）

【図表2-17】「香港フィルマート2024」の会場の様子

〈主催者の一言〉

　2024年の香港フィルマートは，初出展となるマカオ，インドネシアや中国・湖北省のパビリオンを含め，世界25の国・地域が出展しました。中国各省のパビリオンでのプロモーションイベントやタイ，フィリピン，インドネシア等の東南アジア各国のパビリオンでのカクテル・レセプション等各種イベントも開催され，政府主導の下，各国はコンテンツを精力的に発信していました。

　また初出展したアリババは，会場内で記者発表会を開催し，香港のエンターテインメント分野に，今後5年間で少なくとも50億香港ドル（約940億円）を投じると発表し，話題を集めました。

③　スケジュール（香港フィルマート2024の例）

2023年秋　　　　　　　出展社募集開始

2023年12月10日（日）　出展社応募締め切り

2023年12月18日（月）　セッション募集開始

④　問い合わせ先

● 香港貿易発展局 東京事務所

Email　　　　　tokyo.office@hktdc.org

TEL　　　　　　03（5210）5850

ウェブサイト　　https://hkfilmart.hktdc.com/conference/hkfilmart/en

住　所　　　　　東京都千代田区麹町3-4-5　トラスティ麹町ビル6階

5 BCWW

韓国で行われるアジア最大規模の国際見本市。韓国ドラマやウェブトゥーンなど韓国の最新コンテンツのトレンドをつかめるほか，日本，中国，台湾，タイ等アジアの出展社を中心にコンテンツの売買や共同制作の商談などが行われています。

【図表2-18】「BCWW 2023」の会場の様子

① BCWW2023の概要（主催者発表）

展示会名	BCWW 2023（Broadcast World Wide）
期　間	2023年8月16日（水）～18日（金）
展示会場	韓国　ソウル，COEX
主　催	Korea Creative Content and Agency（KOCCA）
出展社数	286社（20の国・地域）
バイヤー登録者数	約1,000人（37の国・地域）
ビジター数	5,626人（39の国・地域）

② スケジュール（2023年の例）

2023年6月30日（金）　アーリーバード（早期出展申し込み）締め切り
2023年7月14日（金）　出展社応募締め切り（通常料金）

③ 問い合わせ先

● BCWW日本事務局

アクト・インターナショナル（Act International）

Email	exhibition@actinter.co.jp
TEL	03（5770）5581　FAX：03（5770）5583
ウェブサイト	https://www.actinter.co.jp/exhibition/info/bcww/
住　所	東京都港区南青山2-9-18　ACT青山ビル2A

| 参考 | MIP TV

　MIPTVは，世界で最初のテレビ番組国際見本市として1963年に始まり，その後ビデオ，衛星放送，配信などのコンテンツも扱う秋のMIPCOMと連動し，春に開催されるコンテンツ総合見本市として，多くの業界関係者が集う場所でした。ただ近年のコンテンツビジネスの大きな変化のなか，2024年の開催を最後に61年の歴史に幕を閉じました。主催者は2025年からは英国ロンドンで新たにMIP Londonを開催する旨リリースしています（2024年3月現在）

① MIP TV 2024の概要

　期　　間　　2024年4月8日（月）〜10日（水）【3日間】
　会　　場　　フランス・カンヌ　Palais des Festivals
　主　　催　　RX France
　参加者数　　5,650人（86の国・地域）（2023年実績・主催者発表）

　参考（RX Globalのプレスリリース[4]より引用）
　MIP LONDON 2025
　日　　時　　2025年2月24日（月）〜27日（木）【4日間】
　場　　所　　イギリス ロンドン Savoy Hotel& IET LONDON：Savoy Place

② 問い合わせ先

● RX France 東京オフィス

　TEL　　　　　03（6264）0193
　ウェブサイト　https://www.miptv.com/
　住　　所　　　東京都中央区築地2-14-6　LXS築地1402

---

4 https://rxglobal.com/mipcom-cannes-organiser-rx-france-confirms-launch-mip-london-february-2025

(2) 特定の分野に特化した国際見本市，ピッチングイベント

1 AnimeJapan

日本のアニメの文化および産業の振興発展を目的に開催されるイベント。ビジネスデイとパブリックデイで会期・会場が異なります。

① AnimeJapan 2024の概要
● パブリックデイ
期　　間　　2024年3月23日（土）〜3月24日（日）【2日間】
会　　場　　東京ビックサイト東展示棟　東1〜8ホール
主　　催　　（一社）アニメジャパン（ビジネスデイも同じ）
概　　要　　アニメファンに向けたアニメ関連企業のブース出展，最新アニメ作品の発表やライブ，トークイベント，オフィシャルグッズ販売などを催行。2024年は，国内を中心にアニメ関連会社のべ110社が出展し，2日間で約13万人が来場しました。

【図表2-19】「AnimeJapan　2023（パブリックデイ）」の会場の様子

● ビジネスデイ

期　間	2024年3月25日（月）〜3月26日（火）【2日間】
会　場	東京ドームシティ　プリズムホール
概　要	2024年は5年ぶりのリアル開催となりました。会場内では，出展ブース等で商談が行われるほか，さまざまなマッチングを促進する施策や国内外向けセミナーが行われました。また「アニメビジネス・コンシェルジュ」（アニメビジネスに関する相談サービス）等，アニメビジネス支援策が展開されました。

② スケジュール（2024年パブリックデイの例）

2023年	11月下旬	出展社応募締め切り
2023年	12月上旬	出展社説明会

③ 問い合わせ先

● AnimeJapan　運営事務局

問い合わせURL	https://www.anime-japan.jp/about/faq/
ウェブサイト	https://www.anime-japan.jp

2 アヌシー国際アニメーション映画祭 & MIFA

　アヌシー国際アニメーション映画祭は60年以上の歴史をもち，アニメ映画祭として世界最大規模を誇ります。併設のMIFAではアニメの商談の他，新作の発表や基調講演などが行われます。東京都が2016年より，東京都内のアニメ制作事業者の海外展開支援のため，MIFAへの出展やピッチイベント等のサポートを行っています。

① Annecy International Film Festival 2024

期　　間	2024年6月9日（日）〜15日（土）【7日間】
会　　場	フランス・アヌシー（MIFAも同じ）
主　　催	CITIA（MIFAも同じ）
参加者数	15,820人（102の国・地域）（2023年実績・主催者発表）[5]

② MIFA 2024

期　　間	2024年6月11日（火）〜14日（金）【4日間】
参加者数	6,410人（97の国・地域）（2023実績・主催者発表）

③ 日本関連のイベント（2023年実績）

　2023年のMIFAでは，東京都が実施する「海外進出ステップアッププログラム」に参加したアニメ制作会社のなかから「東京アニメピッチグランプリ」で最優秀賞および優秀賞に選ばれた4社がMIFAでブース出展をするとともに，公式ピッチイベント「Partners Pitch」で作品をアピールしました。

④ 問い合わせ先

問い合わせURL	https://www.annecyfestival.com/contacts
ウェブサイト	https://www.annecyfestival.com/home

5　https://www.annecyfestival.com/about/archives/2023

③ Content London

　リメイク，フォーマット，ファクチュアル（ドキュメンタリー）の企画開発に焦点をあてた国際見本市です。グローバル市場向けのピッチ（プレゼンテーション）や，脚本執筆のトレーニングなどのセッション，プロデューサーや制作会社とのマッチングイベント，業界トップによるセミナー等が開催されます。参加プロデューサーが自分の企画を出資者である放送局や配給会社などに売り込む場として活用するほか，ネットワーキングの場として利用しています。

① Content London 2023の概要

期　　間	2023年11月28日（火）〜11月30日（木）【3日間】
会　　場	イギリス・ロンドン
主　　催	C21Media
参加者数	3,000人以上[6]（20以上の国・地域）

〈参加者の一言〉

　出展社ブースはなく，プロデューサー等が企画の出資について会場のあらゆるところで商談が行っており，熱気がありつつも和やかな雰囲気でした。欧米のメディア企業のトップや現場の担当者などバラエティに富んだスピーカーのセッションが組まれており，最新トレンドや実践的なノウハウを学ぶのに役立ちました。

---

② 問い合わせ先

● C21Media

Email：	concierge@c21media.net
ウェブサイト	https://www.c21media.net/conference/content-london-2023/

---

[6] https://www.c21media.net/conference/content-london-2023/

4 Series Mania & Series Mania Forum

　テレビドラマシリーズに焦点を当てたフェスティバルとビジネスフォーラムです。2010年にフランスパリで始まり，2018年からリールに会場を移して開催されているSeries Maniaでは，フランス国内外のさまざまな作品が上映されるほか，講演イベントや授賞式などが行われます。併設のビジネスセッションであるSeries Mania Forum には「Where series begin（ドラマシリーズが始まる場所)」というスローガンのもと，さまざまな国のテレビ関係者，クリエイターたちが集い，ドラマの共同制作のピッチングや各種セミナー，ネットワーキングなどが行われます。欧州のドラマは，独立系プロダクションやプロデューサーが放送局などに企画を売り込み，資金調達して制作することが多いため，ピッチングの場として活用されています。

① Series Mania ＆Series Mania Forum 2024

● Series Mania （フェスティバル）

期　間	2024年 3 月15日（金）〜 3 月22日（金）【 8 日間】
会　場	フランス・リール（Series Mania Forumも同じ）
主　催	International Series Festival Association（Series Mania Forumも同じ）

● Series Mania Forum（ビジネスフォーラム）

| 期　間 | 2024年 3 月19日（火）〜 3 月21日（木）【 3 日間】 |
| 参加者数 | 約4,000人（60カ国）（2024年実績）[7] |

7　https://seriesmania.com/forum/en/attendees-2024/

〈参加者の一言〉

　Series Mania Forumは，完成番組ではなく，企画をピッチし，出資者を見つけ制作に向けた商談をする場です。象徴的なイベントは，Co-Pro Pitch（共同制作ピッチ）で，約600人収容の会場で，400を超える企画から選出された16企画がトレーラー，企画のピッチと審査員からの質疑に対する応答のスタイルでプレゼンが行われ，優勝者が決まります。

　セミナーもドラマのプロデューサーや制作者に向けた，実践的な内容（例：ドラマのOpening titleをどう魅力的にするか等）のものが多い印象でした。

② 問い合わせ先

　問い合わせURL　https://seriesmania.com/en/contacts/

　ウェブサイト　　　https://seriesmania.com/en/

5 Tokyo Docs

　ドキュメンタリーの国際共同制作支援のため，日本やアジアの制作者と国内外の放送局・動画配信会社・配給会社等とのネットワーキングの機会を創出します。

①　Tokyo Docs 2023の概要

　名　　称　　Tokyo Docs 2023
　期　　間　　2023年10月30日（火）～11月1日（木）【3日間】
　会　　場　　秋葉原UDX　4F　シアター　Next-1, Next-2, Next-3
　主　　催　　NPO法人Tokyo Docs
　参加者数　　84人（13の国・地域）

【図表2-20】「Tokyo Docs 2023」の会場の様子

②　Tokyo Docs について（主催者インタビュー）

　日本とアジアの制作者が国際共同制作等の企画をプレゼンし，制作資金や放送・上映の機会を確保する「メインピッチ」のほか，短尺（10分以内）の完成作品をプレゼンする「ショート ドキュメンタリー ショーケース」等が開催さ

れます。

2011年から始まり，13回目となる2023年のメインピッチでは，国内外から集まった19のドキュメンタリーの企画がピッチされ，最優秀企画には日本在住のオーストリア人ディレクターの企画と中国のインディペンデントディレクターの企画の２本が，優秀企画には５本が選出されました。

〈主催者の一言〉

　Tokyo Docsは自分のドキュメンタリー企画を実現して，世界の人々に見てもらいたいと考えている制作者のためのマッチングイベントです。

　世界のプロデューサーが自分の企画をどう評価するのか，どのような企画が世界で評価されるのかなどを知る絶好の機会です。地方局の制作者がニュースで取り上げた企画を長編ドキュメンタリーにしたいと応募するケースもあります。

　同時通訳付きですから日本語でピッチできます。幅広い方々からの企画応募をお待ちしています。

---

③　Tokyo Docs 2023のスケジュール

４月上旬	募集開始
６月23日	企画締め切り
７月中旬	選考結果発表
７月下旬	オリエンテーション
９月〜10月	ピッチトレーニング

④　問い合わせ先

● Tokyo Docs実行委員会事務局

Email	info@tokyodocs.jp
ウェブサイト	https://tokyodocs.jp/
住　所	東京都港区芝２−５−７　芝公園ハセガワビル６F

6 Suny Side of the Doc

　2024年で35年目となるドキュメンタリーの国際見本市。世界中から集まったドキュメンタリーのプロデューサーによるピッチが行われ，共同制作に興味を持つ出資者とミーティングが行われます。

① Suny Side of the Doc 2024

期　　間	2024年6月24日（月）〜6月27日（木）【4日間】
会　　場	フランス・ロシェル
主　　催	Doc Services
参加者数	2,000人以上（64の国・地域）（2023年実績）[8]

〈主催者の一言〉

　このフォーラムは科学，歴史，自然，野生動物，芸術＆文化等をテーマにしたドキュメンタリー制作の出資を世界中から募るために，ピッチセッションを開催したところから始まりました。他の国際見本市とは違い，完成したドキュメンタリーの上映を行う映画祭を伴わないのが特徴です。広い講堂ではセールスやネットワーキング，ピッチやさまざまなセッションなどが行われています。

② 問い合わせ先：

● **Suny Side of the Doc**

問い合わせURL　https://www.sunnysideofthedoc.com/contact-us/
ウェブサイト　　https://www.sunnysideofthedoc.com/

8　https://cineuropa.org/en/newsdetail/445319/

2-4-3 国際見本市に向けた準備と実践

　国際見本市は新規のバイヤーを開拓するのに適した場所ですが，残念ながら当日会場で待っているだけではバイヤーとは会えません。コンテンツに適した国際見本市を選択し，事前にコンテンツをウェブメディア等を使ってアピールし，バイヤーと会期前にミーティングの約束をすること，この３点が重要です。国際見本市出展の成功のカギは，事前の準備が８割といっても過言ではありません。

① 国際見本市の選択

　販売するコンテンツジャンルのバイヤーが多く参加する国際見本市を選びましょう。販売するコンテンツにもよりますが，最初に国内で開催されている国際見本市へ参加し，その後海外の国際見本市に参加していくといった会社が多いようです。

② 国際見本市にかかるコスト

　国際見本市に出展するのにはさまざまなコストがかかります。出展料や出張時の費用は現地通貨で支払うため，為替リスクも勘案しなければいけません。予算をしっかりと確保することが重要です。

a．見本市の出展料	出展料，ブース設営費用，参加者の登録費（出展する場合は数名の登録料が含まれる場合が多い）
b．PR資料作成	プロモーション用カタログやトレーラー，ウェブサイト等の資料作成，セッション実施費用
c．出張費用	現地までの渡航費，宿泊交通費，現地移動費
d．通訳費用	現地での通訳やコーディネーター費用

③ 出展，参加申し込み

各国際見本市の主催者にコンタクトをして，出展や参加申込みの概要を確認してください。主催者のほかにも，政府・自治体・業界の海外展開を支援する関連団体等がパビリオンの共同出展を行っている場合もあります。申込みは前年度のスケジュールを参考にしながら，問い合わせをします。応募締切日までに必要書類を送り，指定期日までに出展料を支払い，出展スペースを確保します。

④ 国際見本市の事前準備

a．出展する場合は，遅くとも会期の２カ月前には，主催者と相談をしながらブースの設営やブース内の机・椅子，備品や関連機材を発注します。ブースの設営は別会社に発注することになる場合もあります。

b．販売するコンテンツのトレーラー（本章２-２（２）③参照）を制作し，コンテンツの基本情報とともに，海外バイヤーがコンタクトできるウェブサイト等に掲載します。さらにこのウェブサイトのURLを掲載したメールマガジン（英語版）をバイヤーに送付することで，より見てもらえる可能性が増えるかもしれません。

c．会期の約１〜２カ月前から，商談したいバイヤー，プロデューサー等にコンタクトをして，ミーティングの予約を取ります。国際見本市のミーティングは30分が基本単位です。初参加の場合は予約を取るべき会社の情報を収集するところから始めることになります。国際見本市の主催社や，すでに国際見本市に参加経験がある関係者等に相談するのがよいでしょう。重要な顧客とはディナーやランチ等をセッティングすることが多いようです。

d．国際見本市の主催者や，海外展開支援の団体等がビジネス・マッチングイベントを開催することもあります。参加バイヤーが求めるコンテンツジャンルや参加費用の有無等の詳細を確認して，参加申込みするのがよいでしょう。

⑤　会期中

a．会場の参加者（バイヤー，セラー）は基本30分ごとにミーティングが入っています。コンテンツのトレーラーを見せてその魅力を簡潔に説明したうえで，相手の質問などに対応します。限られた時間で，バイヤーの心に残るようなプレゼンを心がけましょう。

b．ミーティングのメモ等は必ず取り，毎日終了時に整理しておきます。会期中は20社〜30社に同じ話をすることになる場合もあり，時々混乱してどの社に何を要望されたのかわからなくなることがあるからです。ミーティングの最後に一緒に記念写真を撮っておくのもよいでしょう。ミーティングした相手の記録になるとともに，顔と名前を認識しやすくなるためです。併せてその写真を相手に送ることで，コミュニケーションも取ることができます。

c．スケジュールは多少の余裕を持たせておくとよいでしょう。飛び込みのミーティング依頼への対応や遅れてくるバイヤー等への調整のためです。またミーティングが相手方のブースや会場外で行われる場合は移動時間も加味しておいてください。

d．国際見本市主催者から事前にリリースされる情報や公式ウェブサイトをこまめにチェックし，興味のあるセッションやパーティに参加して，知見や人脈を広げるとよいでしょう。

⑥　事　後

a．ミーティングをしたバイヤーにはメールで，そのフォローをするとともに，必要な場合はバイヤーに有益な追加情報を送ってください。

b．国際見本市ではよい感触であっても，結果ビジネスにつながらないこともあります。それで気落ちせず，バイヤーとの関係は切らずにつないでおけば，次のビジネスにつながる可能性があります。またバイヤーからの返信が滞る場合には，こちらから頻繁にメール，チャットや電話等でフォローをすることも大切です。

第3章

海外販売の業務フロー（2）

販売先との交渉〜契約終了

3-1 販売先との交渉

　国際見本市などで販売コンテンツに興味を持つ販売先候補が見つかれば，そこから条件交渉が始まります。

(1) 条件交渉を始める前の確認事項

　交渉をはじめる前に以下のポイントを確認してください。

① 交渉する相手を確認する（4-2 ①参照）

　国際見本市に出展すると，海外の放送局，動画配信会社，配給会社，制作会社，それらのエージェント等，さまざまな人がコンタクトをしてきます。そのなかで，どのような会社であれば販売するコンテンツをライセンスしても大丈夫なのかを確認しなくてはなりません。初対面の会社にライセンスしたものの，素材送付後に連絡がつかなくなり，渡した素材が悪用されたといった例もあります。

　そうしたことが起きないよう販売先候補を調査する必要があります。以下はその調査手法の一例です。

　　a．ウェブサイトで，販売先候補の会社情報（主な業務内容や過去実績，人員体制，財務データ（資本金，財務諸表））等を確認する。

　　b．販売先候補を直接訪問して，その役員や従業員と実際に会い，ヒアリン

グする。

c．同業他社や業界情報に詳しい人・会社から販売候補先の情報や評判等を聞く。

d．信用調査会社に依頼して販売先候補の会社情報を調べる（会社によっては信用調査データに掲載されていない場合もありますが，それも含めて1つの情報になります）。

〈信用調査会社の例〉

（a）　東京商工リサーチ（D&Bレポート）[1]（有料会員向けサービス）

　東京商工リサーチが提携するD&B（Dun & Bradstreet）は，240超の国・地域を網羅する米国のグローバル信用調査会社。D＆Bのレポートは，調査対象企業の経営陣，財務状況や倒産のリスク等を踏まえた現在の評価をRatingで示してくれます。

（b）　コファス・サービス・ジャパン[2]（有料会員向けサービス）

　JETROはコファス・サービス・ジャパン（株）と連携し，ジェトロメンバーズ会員向けに外国信用調査のサービスを提供しています。コファス・サービスは，70年以上の歴史を持つフランス企業で，1999年から日本にオフィスを設け，日本では取引信用保険とそれにかかわるサービスとして，外国企業の信用調査を行っています。

　なお，これらの手段で収集した販売候補先の情報は，その調査時点のものですので，一度の調査で安心せず，継続的な情報収集を行うことが大切です。

②　交渉のゴールを決める

　契約前の条件交渉は，販売コンテンツをライセンスする場合の条件を定めるために行います。また，コンテンツのライセンス条件に応じる販売先候補であるのかを見極めることも交渉の目的です。

1　http://www.tsr-net.co.jp/service/detail/dun-report.html
2　https://www.jetro.go.jp/members/memberservice/option/creditcheck.html

その判断をするために，コンテンツのライセンスにあたり，許諾する権利・地域・言語・期間を何にするのか，再許諾を認めるのか，独占的な権利許諾にするのか，付随する権利の許諾をどうするのか，宣伝・広告をどうするか，許諾する場合のライセンス料のスキームや金額はいくらに設定するのか，コンテンツの保護のために必要な措置は何か等，コンテンツをライセンスする場合の主要な条件（獲得すべきゴール）をあらかじめ定めなければなりません。

条件交渉において，何を獲得するのか，ゴールを適切に定めることで，交渉のやり方も変わってきます。まずは，ライセンスして，コンテンツの許諾地域における認知度を上げることが目的であれば，ライセンスして放送または配信されることが目的となりますので，許諾地域での宣伝・広告を積極的に行うことを販売先候補に義務付けたりすることが必要ですが，ライセンス料や主要な条件以外の条件は，ある程度自社に不利になってもよいことになります。

他方で，コンテンツをライセンスすることによって，コンテンツの制作に要した投下資本を回収することを目的にするのであれば，高めのライセンス料を設定するために，放送権・デジタル配信権その他の許諾する権利をまとめて許諾したり，または独占権を許諾したりすることや，ミニマムギャランティを設定することが考えられます。

このように，コンテンツを適切な条件でライセンスするためには，獲得すべきゴールを明確に定めて，それに応じた交渉戦略を練り，それに応じて交渉していくことが必要です。

③ 交渉のデッドラインとボトムラインを決める

交渉を始める前に，実際にビジネスをスタートする時期から逆算して，いつまでに契約をまとめる必要があるかという期限（デッドライン）を決めておきましょう。その期限までに合意することができないのであれば，ライセンスしない姿勢をもっておくことも，強い交渉を行うための一要素となります。

また，たとえば「ライセンス料がこれ以下の条件になるのであれば取引をやめる」というボトムラインを決めておき，社内であらかじめ共有・合意してお

くことも重要です。そうでなければ，厳しい契約交渉の末，不利な条件で契約を締結することになった，結果，ライセンスしないほうがよかったということになりかねません。

　もちろん，条件交渉や契約交渉は，双方の当事者が自社の利益を実現するために互いの主張をぶつける場でもありますので，その主張が受け入れられなかった場合に，どういう条件であれば合意することができるのか，最善の代替案を，予めもっておくことが効率的な契約交渉につながります。

　交渉をする当事者が重要ではない条件について合理的な理由なく妥協しないと，合意には至ることはできません。最善の代替案を隠し持ちつつ，有利な条件を引き出すことが，獲得すべきゴールに到達することができる交渉となります。

（2）　条件交渉の流れ

　条件の交渉は，たとえば販売側（許諾元・ライセンサー）と販売先（許諾先・ライセンシー）の間で，条件に関する案を出し合う形で進んでいきます。

　以下は，販売側（許諾元・ライセンサー）がコンテンツをライセンスするための条件を提示する例です。ケースによっては，最初の条件提示が販売先（許諾先・ライセンシー）からの場合もあります。

【図表3-1】条件交渉の例

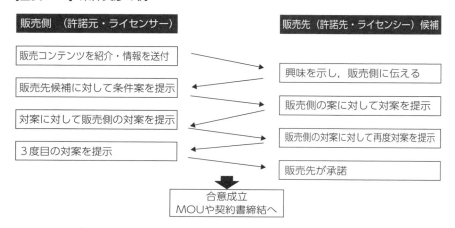

(3) 条件交渉時に気を付けるべきポイント

① 積極的に交渉し，こちらの条件を相手にきちんと主張する

　海外の販売先（許諾先・ライセンシー）との交渉では，確認すべき点ははっきり確認し，こちらからの要求を積極的に主張してください。「ここまで言っては相手の気分を悪くするのでは」という発想は捨てる必要があります。以心伝心といった日本の美徳も通じません。少しでも気になることはメールなどで確認し，細部のポイントまで遠慮なく詰めて交渉して問題ありません。

　また，相手の求める条件の詳細を確認してください。たとえば，コンテンツの完パケ販売の場合，「放送権」という表現だけでは地上波放送なのか，衛星放送やケーブル放送も含むのか，また，有料放送だけでなく無料放送を含むのか，曖昧です（逆に，そのすべてが含まれてしまうリスクもあります）。また「配信権」も，SVOD，TVOD，AVOD，FAST等ビジネス形態によって条件は変わります（第4章4-2-2（3）参照）。

　さらに，許諾する権利が，独占的（exclusive）なのか，非独占的（non-exclusive）なのかも重要です。一般的に独占的な権利許諾は非独占に比べて，ライセンス料は高くなります。

そして，ホールドバックを販売先（許諾先・ライセンシー）から要求されることがあります。ホールドバックは，販売先（許諾先・ライセンシー）に許諾する権利以外の権利についても，一定期間，ライセンサーが他社へ許諾しないことを約束する条項です（第4章4-2-2（9）参照）。このホールドバックは，たとえば，独占的な地上波放送権のみを販売先（許諾先・ライセンシー）にライセンスするものの，衛星放送権やケーブル放送権等について一定期間，同地域の他社に対して許諾しないことを約束するものです。しかし，実質的にライセンサーの権利の利用が制限されるため，慎重に検討するべきです。このホールドバックを広く認めてしまったために，許諾地域において意図せず販売元（許諾元・ライセンサー）の活動が制約されてしまうことも考えられます。

こうした条件の交渉を経て，両者で確認した内容が最終的に契約書に盛り込まれることになります。

②　交渉の結果は書面などに残す

海外の販売先（許諾先・ライセンシー）との交渉の結果は，書面，メール，チャット等の手段で記録を残してください。電話やオンライン会議で話をした後は「今回お互い了解した事項です」という議事録やメモを作って先方に送り，内容が正確であることの確認を得るようにしてください。オンライン会議なら録画しておくこともよいでしょう。記録があることで，後々「言った，言わない」のトラブルも避けられます。

なかには，交渉の時々においてDeal Memoを作成して，内容を確認したうえで，双方が署名するような場合もあります。

③　お金にまつわるポイント

条件交渉のなかでも特に大事なのが，お金に関する事項です。交渉で以下のポイントを確認してください（第4章4-2-7，4-2-8参照）。

a．ライセンス料形態

ライセンス料の形態は，主に以下の３つがあります。

（a） フラットフィー（固定額）

　ライセンシーは固定額を支払う。

（b） ロイヤリティ（レベニューシェア）

　ライセンシーは，コンテンツの利用で得られる収入や利益などの基準額（後述）に応じて一定割合を支払う。

（c） ミニマムギャランティ（MG）＋ロイヤリティ（レベニューシェア）

　ロイヤリティ（レベニューシェア）を基本とし，契約時にライセンシーは最低保証金額（ミニマムギャランティ，略してMG）を支払い，その全額がリクープ（コンテンツを利用して得られた利益が支払ったミニマムギャランティの額と同額になった状態）できた後は，追加でロイヤルティ（レベニューシェア）を支払う。なお，MGはAdvance Fee（前払金）と呼ばれることもあります。

　以下は支払方法の一例です。

【図表3-2】ライセンス料の形態の例

完パケ販売 （放送局等）	・フラットフィー
完パケ販売 （動画配信サービス等）	・フラットフィー ・ロイヤリティ（レベニューシェア） ・MG＋ロイヤリティ（レベニューシェア）
フォーマット販売・ リメイク販売	・フラットフィー ・フラットフィー（MG）＋ロイヤリティ（レベニューシェア）
商品化	・ロイヤリティ（レベニューシェア） ・MG＋ロイヤリティ（レベニューシェア）

〈ロイヤリティに関するミニ情報〉

ⓐ　ジャンル別ロイヤリティの算出方法

ロイヤリティ（レベニューシェア）の場合，ライセンス料は「基準額×料率」で計算されます。

たとえば，動画配信サービスへの完パケ販売の場合は，視聴料に，動画配信サービスにおける全体の視聴回数や再生時間に当該コンテンツの視聴回数や再生時間が占める割合を乗じた金額がベースになっていたり，ライセンシーが別会社に権利を再許諾（サブライセンス）している場合は，再許諾先（サブライセンシー）からライセンシーが得た収入や利益がベースになっている場合があります。

商品化の場合には，ライセンシーの得た収入や利益等がベースになる場合や，ライセンシーが別会社に権利を再許諾（サブライセンス）している場合は，再許諾先（サブライセンシー）からライセンシーが得た収入や利益等がベースになっている場合があります。

また，フォーマット権やリメイク権のライセンスにおけるフラットフィーでは，「1話毎のライセンス料×話数」の場合が多いです。場合によっては，さらにこれらのライセンスによって制作された現地版コンテンツの配給収入に応じたロイヤリティ（レベニューシェア）が設定されることもあるようです。

ⓑ　ロイヤリティの算出方法のベース，ネットかグロスか？

ロイヤリティ（レベニューシェア）の場合は，ライセンス料の算出ベースとなる収益の定義を，グロス（総額）とするか，ネット（費用控除後の金額）にするかで，ライセンサーが受け取るライセンス料が変わってきます。いずれも「何が収益の対象なのか」を明確にすることが大切です。ネットの場合は一定のライセンス料を確保するためには，グロス金額から控除できる費用項目を明確に限定的にする必要があります。交渉時にきちんと確認することが大切です。

ⓒ　ロイヤリティレポートの提出

ロイヤリティ（レベニューシェア）の場合は，ライセンスしたコンテンツの利用状況を把握するため，定期的にロイヤリティレポートを送るようライセン

シーに約束させることが重要です。さらにライセンシーが作成したロイヤリティレポートが正しいのかを確認できるようにするため，契約書に監査条項を入れることも大切です（第4章4−2−12参照）。

　ⓓ　MGを主張する

　ロイヤリティ（レベニューシェア）が契約のベースになっている場合，できるだけ契約時にMGをもらうべく交渉してください。ロイヤリティ（レベニューシェア）のみの契約の場合，契約してもその後の報告をもらえず一切支払われなかったり，ロイヤリティ（レベニューシェア）が一定額（たとえばUS$1,000）に達したら初めて支払うという条件等の場合，いつまでもライセンス料が支払われない可能性があります。

　ｂ．通貨

　日本円以外で契約する場合，為替の影響で，日本円での入金額が変わってくることも意識しておきましょう。海外とのコンテンツビジネスの通貨は米ドルが一般的ですが，ユーロ，ポンドなどでの取引もあります。取引通貨は，信用できる通貨を選択しましょう。

　ｃ．ライセンス料にかかる税金や手数料

　ライセンス料の金額について合意に達した時，必ず確認すべき点があります。それは海外で得る収入に関わる税金のことです。合意金額が手取金額なのか税込金額なのかを明確にしておかないと，着金時に金額が違うということになりかねません。

　なお，日本からコンテンツを海外にライセンスして得られるライセンス料は「使用料」とみなされ，現地（許諾地域）の国内法に基づいて源泉税が課せられる場合があります。たとえば，海外のライセンシーが支払う100万円（税込金額）のうち，ロイヤリティ収入に適用される税率（たとえば20％）に基づき計算される金額（20万円）が，現地で源泉徴収され，残額（80万円）がライセンサーに送金されることになります。

なお，ライセンサーが海外で納税した金額（20万円）については，外国税額控除制度により，控除限度額はあるものの，海外での納税を証明する書類（各国の税務当局が発行する納税証明書）を税務申告書とともに提出することで，日本で納付すべき税額から控除することができます。

また，ライセンシーが所在する国と日本との間に租税条約が締結されている場合は，源泉税の免除や税率軽減が認められています。たとえば，ライセンス料については，米国やイギリスでは免税（0％），韓国やシンガポールでは10％に減税されます（財務省「我が国の租税条約等の一覧[3]」（2024年2月19日）参照）。台湾とは，（公財）交流協会（日本側）と亜東関係協会（台湾側）の間で，民間取り決めとして日台租税協定が締結され，2017年より非居住者に支払うロイヤリティに適用される税率が，20％から10％に軽減されています。

源泉税の軽減率は，ライセンシーが所在する国との条約内容により異なりますので適宜確認が必要です。この租税条約の減免措置は，所轄の税務署に「租税条約に関する届出書」等の書類を提出することで認められますので，提出を忘れないようにすることが大切です。

d．海外送金に関わる銀行手数料

海外送金に関わる送金手数料も確認が必要です。基本的にはお金を支払うライセンシーが送金時に手数料を負担する場合が多いようですが，どちらが負担するかを事前に決めて契約書に記載しましょう。送金先の銀行に海外から直接支払えず，第三者の銀行を経由して支払うこともあり，その場合はさらに手数料がかかる場合もあります。

e．支払時期，支払方法

支払時期は契約してすぐか，ライセンシーの義務の履行が終わってからなのかを確認してください。また一括払いか分割払いかも決めましょう。分割払い

3　https://www.mof.go.jp/tax_policy/summary/international/tax_convention/tax_convetion_list_jp.html

の場合は，それぞれをいつ支払うかの確認も重要です。

コンテンツの完パケ販売では，放送後の支払いで契約した場合，放送が終了してもライセンシーが支払ってこないことが起こり得ますので，できるだけ「前払い」をベースとし，着金を確認してから素材を送付するようにしましょう。

全額が難しくともせめて半額のライセンス料は契約時の支払いとするべきです。ロイヤリティ（リベニューシェア）での支払いの場合も，同様の理由で，契約時にミニマムギャランティ（MG）をもらえるよう交渉してください。海外のライセンシーにライセンスする場合，遅延している支払いを履行させるのは多大な労力や費用が必要となりますので，できる限り，契約時に回収できている状況をつくるためです。

f．パッケージで販売する際のアロケーション（個別みなし評価額の算定）

複数のコンテンツをパッケージでライセンスする場合は，それぞれのコンテンツについて，ライセンス料のアロケーション（個別見なし評価額を割り振ること）を付けるようしてください。これは，権利処理の申請や支払いに必要になるだけなく，契約締結後，途中で契約を解約したり，契約違反があって損害賠償請求などをする場合に役立ちます。特にパッケージに含まれているコンテンツの価値が等分でない場合は，入れておかないと不当に高く，もしくは低く評価されてしまいます。

（4）　条件交渉時に使える便利な書面や条項

①　Letter of Intent（LOI）

販売候補先にこちらの意図，希望，要望を正式に伝えておきたい場合に作成されるのがLetter of Intent（LOI）（趣意書）です。LOIは，基本的には，その時点における一方当事者の意思や考えを表示する文書なのですが，気をつけたいのは，その書き方次第ではLOIが法的拘束力を持ってしまうことです。たとえば，LOIに対して相手方が「Agreed（同意した）」などと加筆しサインを

した場合は法的拘束力が発生します。したがって，法的拘束力を発生させたくない場合は，法的拘束力を有するものではない旨（not binding）を明確に記載しておいてください。

② Memorandum of Understanding（MOU）

　条件交渉や契約交渉の途中で，その時点におけるお互いの基本的な合意事項を残しておくのに使えるのがMemorandum of Understanding（MOU）（合意書）です。海外のライセンシーとの大きな取引等ではMOUを数回にわたって交わしてから最終契約に至るケースが一般的です。MOUの内容に沿って詳細を詰めて契約書を作成するため，MOUの作成には，きちんと準備をして臨みましょう。

③ オプション契約・独占交渉権

　フォーマットやリメイクなどの交渉で使われるのが，オプション契約です。これは，たとえば，海外のライセンシー（制作会社等）が，フォーマット権やリメイク権のライセンスを受けることを検討する際に，ライセンサー（権利者）に対して一定の手付金（オプションフィー）を支払うことで，ライセンサーが第三者に対してライセンスすることを防ぐことができるというものです。そして，定められた一定の期間内に意思表示して，ライセンス契約することで正式にフォーマット権やリメイク権のライセンスを受けることができます。

　なお，支払ったオプションフィーは正式契約時にライセンス料金の一部に充当されることが多いので，ライセンシーにとっては損にはなりませんし，ライセンサーにとっても，ライセンシーと本契約までいかなかったとしても，受け取ったオプションフィーは返還する必要はないという仕組みです。フォーマット販売，リメイク販売の他，国際共同制作・企画開発等の交渉時などによく使われます。

④　秘密保持契約（NDA，CA）

　企画の共同開発案件等では，交渉過程でお互いにさまざまな情報の開示が求められます。もし本契約を締結する前に交渉が決裂して終わった後に，相手が自社から渡した秘密情報を勝手に使うことがないように，条件交渉や契約交渉を始める前に，その後の交渉過程で明かした情報について相手方に守秘義務を課す秘密保持契約（Non-Disclosure Agreement，Confidentiality Agreement）を結ぶ場合があります。秘密保持契約では，対象となる情報を確定するとともに，契約中もその対象情報を使用できる例外範囲を明確にしておくことが大切です。

⑤　Chain of Title（チェイン オブ タイトル）

　アニメやドラマリメイクをライセンスする場合，ライセンシーから「Chain of Title」を証明する書面の交付を求められることがあります。

　原作者がいる場合には，原作者から必要な権利許諾を受けていること等，ライセンサーがライセンシーに対してライセンスするにあたり，必要な権利のすべてが適切に処理され，かつライセンサーがライセンシーに対してライセンスすることができる権限が揃っているのかを確認するための書類です。

　アニメの場合，ライセンサーが製作委員会を代表して販売する権利があるのかを確認するために要求されることがあります。またアニメやリメイク権の販売で原作者等がいる場合，ライセンサーが原作者から正式にリメイク権の販売を認められているのか，権利の流れを証明するため，委任状（Letter of Authorization）を要求されることがあります。

3-2 契約実務

3-2-1 契約書作成・契約交渉

① 契約書とは？

　おおまかな条件は合意に達した，金額も決まった，となれば，いよいよ契約書作成です。契約書はそれまでのお互いの合意事項を記すとともに，将来起こるかもしれない問題をあらかじめ予想し，それをどのように処理するかを事前に取り決めておく書類です。ひとたびトラブルが発生すると，今までの友好的な関係が吹き飛んでしまうこともあります。常識，習慣やビジネスの考え方が違う海外との取引では，不測の事態に備えた契約書を作成しておくことは大変重要です。

② 契約書案（ドラフト）はこちらで作ろう，作るときにはプロに頼もう

　契約書はライセンサーが作成するのが一般的です。ドラフト作成する側が有利に交渉を展開できるからです。自社のひな形を作成しておくと，その後も利用できるので便利です。契約書作成は海外法務のプロに依頼してください。作成にあたっては，あらかじめ契約書に盛り込むポイントをまとめておくとよいでしょう。

　弁護士は，コンテンツのライセンスに詳しい弁護士でない限り，一般的には

法的リスクのチェックに限定され，ビジネス条件の適否については判断しません。ビジネス条件を前提にどのような契約条項が必要であるかを検討することになりますので，ビジネス面での条件（金額の妥当性等）は，契約書作成前に自社内で検討しておいてください。なお，ライセンスに詳しい弁護士であれば，ビジネス条件や獲得すべきゴールを共有しておくことで，一緒にチームとなって契約交渉を行うこともできますので，そのような体制にすることも有益だと思います。

③　契約書は英文で作成する

　海外のライセンシーとの契約書は英語で作成することが多いようです。英文契約の場合，条項，考え方は英米流のスタイルになります。たまに日本語で契約書を作成してから英語に翻訳している契約書が見られますが，お勧めしません。日本語の契約書は曖昧な表現が多く，トラブルになると解釈の違いを起こしやすいため，それを英語にする場合には，そもそも英語に翻訳できない場合や，海外のライセンシーとの契約として意味をなさない場合があります。

　なお，英語と現地語で別々に契約書を作成する場合もありますが，その場合，最終的なよりどころとなる「正文」がどちらの言語で作成された契約書となるのかを決めておく必要があります。また，インドネシアのように，現地の言語で契約書を作成することが求められている場合もあります。

④　すべてを盛り込む

　英文契約書の場合，「完全合意条項」が入っていることが一般的です。この条項があると，契約書に書いてある内容のみが合意した事項であり，契約交渉中の口約束やメールで確認した合意事項も契約書に書かれていない限り，合意はなかったことになります。その点，日本の契約の考え方と異なる場合がありますので注意してください。

3-2 契約実務　　121

3-2-2 ｜ 契約の締結，変更

（1） 契約の締結

　契約は，契約書に両者が署名・捺印することで締結され，そこで初めて法的拘束力が生じます。以前は紙の契約書が一般的でしたが，近年ペーパーレスの推進や契約締結にかかる時間を短縮するために，電子的な方法で契約締結を行う方向にシフトしています。

①　紙およびPDFによる契約

　以前から行われている紙およびPDFにサインをする方法です。契約書のオリジナルを2通用意し，各々がサインをして1通ずつオリジナルを保管するか，紙をPDFにして各々がサインをした後，印刷して，もしくは電子ファイルとして保存します。アジア等ではこの方法で締結作業を行っているケースが少なくないようです。

②　電子契約

　電子契約は，電子ファイルの契約書に電子署名やタイムスタンプなどで認証することで契約成立を認める仕組みです。電子契約にはいくつかの方法がありますが，いずれも署名者が本人であることを証明すること，改ざんや情報漏洩などが起きない仕組みがあることが重要です。電子契約を行うには，電子契約のシステムを導入する必要があります。

（2） 契約の締結権者

　基本は社内の決裁規定等で決まっている管理職等が署名をします。ただ，たとえその権限がない社員が署名した場合でも，場合によっては，会社を代表して署名したと見なされて有効な契約となることがあります（表見代理）ので注

意が必要です。

（3）　契約書の保管

　契約書は両当事者の合意内容のすべてを盛り込んだものとして，関係者が代わっても客観的に契約条件を雄弁に語ってくれます。契約書は，契約期間中はもちろん，契約期間が終了しても，最低7年～10年は大切に保管しておいてください。ライセンシーによる契約終了後の素材の不正使用や権利に関する問題が起きた場合はもちろん，数年後にあるかもしれない税務調査等の際にも必要です。さらに担当者は契約に至る交信記録，メールや会議メモ等も保存しておくと，万が一何かが起きた場合，これらが重要な証拠になります。

（4）　契約内容を変更したいとき

　契約締結後，契約内容に変更を加えたい場合は，お互いに誠意を持って話し合い，その合意事項を必ず書面で交わしてください。修正は，新たに修正箇所を盛り込んだ契約書を作成するか，修正箇所だけを記載した合意書や覚書を作成するか，いずれかの方法で行います。なお，変更した条件を契約発効時から適用させたい場合は「本条件は契約時に遡って効力を生ずる。」という文言を入れることで対応することもあります。

　担当者同士の暗黙の了解やあいまいな理解では，担当者が変わった時にトラブルの原因になりかねません。

3-3 契約締結後の作業

(1) 請求,入金確認

無事に契約締結が終了し,ほっと一息つきたいところですが,これでようやくビジネスを始めるスタートラインに立ったことになります。

完パケ販売で,素材送付前にライセンシーのライセンス料の支払いが義務となっている場合は,契約書締結の段階で請求書を先方に送付します。先方からの入金確認ができるまで,素材の準備を行いつつ,送付は待ってください。

入金されたら,金額が請求金額と合致しているか確認してください。銀行手数料や源泉税以外の税金や手数料が控除されて,想定外の金額が振り込まれる場合もあります。その場合は銀行に控除金額と項目を確認して,ライセンシーに問い合わせてください。

(2) 素材送付

素材はデータで送付するのが一般的です。たとえば完パケ販売では,コンテンツ本編の素材のほか,キービジュアル等の画像データ,予告動画等のデータ,ロゴ,ミュージックキューシート,PR関連資料等さまざまな素材を送付する必要があります。契約書に記載されている要領で送付してください(第4章4-2-3参照)。

先方が受領後すぐ使用できるよう整理したうえで,データの保存容量が大き

く，セキュリティの高いデータ送付方法を選びましょう。一例として，データ容量が大きいものはIBM AsperaやMedia shuttle等，PR素材の容量だとWeTransferやGoogle Driveから直接DLリンクを送付できるシステム等が使われているようです。また，フォーマット販売でフォーマットバイブルの提供を求められている場合は，契約後，速やかに送付できるよう事前に準備しておきましょう。

3-4 放送・配信，権利者への支払い

(1) 現地版素材制作に関して

ライセンシーは素材を入手次第，現地版の制作を開始します。完パケ販売の場合，ライセンスできる現地語版がない場合は，ライセンシーが現地用に字幕や吹替を制作しますが，オリジナル版に沿った正確な翻訳になっているか確認してください。また現地版について先方が契約終了後に字幕や吹替を，勝手に利用したり第三者に転売したりしないよう字幕版等の所有権や著作権の帰属は契約書に記載しておくことが重要です（第4章4-2-15参照）。

また現地版で著作権表示やクレジット表記を契約書記載の通り表示しているか，ライセンシーに確認してください。

(2) 現地での放送・配信へのPR協力

現地での放送・配信のPRにはできる限り協力をしてください。たとえば，ドラマの完パケ販売の場合，出演者による現地語のPRコメントとともに，ウェブサイト，SNSなどで使える映像素材やメインビジュアルを放送素材と一緒に送付してください。現地でのPRに可能な限り協力することで，ヒットにつながる可能性が広がります。なおPR素材として出演者等の映像や写真を使う場合なども，権利者等に事前確認が必要な場合もあるので注意してください。

（3） 放送・配信等の確認，データの入手

　ライセンシーに現地での初放送日や配信開始日を確認しましょう。そのうえ
で，コンテンツが放送・配信されたら，ライセンシーから視聴率や配信データ
などを入手してください。現地の視聴率や配信データ，さらにSNSでの評価は，
他の国・地域へのセールスの際，参考になります。また契約でライセンス料の
支払いをロイヤリティ（レベニューシェア）で契約している場合は，ライセン
ス料とも関連するので重要です。

（4） 権利者への支払い

　海外のライセンシーからライセンス料の入金が確認できたら，事前に申請を
行った権利者団体，もしくは権利者に直接，申請内容に従って，使用料の支払
いを行ってください。

3-5 契約終了

　無事にライセンス期間が終了し，放送・配信が終了したら，ライセンシーに本素材および関連素材の返却および，データの消去や廃棄を依頼してください。契約終了時に，ライセンシーから本素材データなどを正式に消去や廃棄した「消去・廃棄証明書」をもらうことも重要です。ライセンシーが契約終了後に手元の素材を利用したり，悪用すること防ぐためです。

　また本契約が終了しても，秘密保持義務等いくつかの条項については，一定期間効力が存続することとなっている場合がありますので，注意が必要です。秘密保持義務であれば，契約終了後も秘密情報を第三者に口外することができません。

3-6 もしトラブルが起きたら

　海外とのビジネスを進めていくなかで，トラブルに巻き込まれることがあります。双方のビジネス上の常識が違うことや，国の情勢の変化などで契約上の義務が履行できなくなったりすることが国内取引よりも起きやすいためです。残念ながらどんなに関係が良かった相手でも，いったん関係がこじれると，双方が納得できる解決策を見つけるのが難しくなります。

(1) 全般的な注意

① 先方とのやり取りの書面を残しておく

　不測の事態に備えて，先方とのやり取りは書面等に残しておいてください。たとえば会議で相手と合意した事項や条項の解釈に関する相手方の説明等について議事録に残しておいてください。またオンライン会議は録画を残しておいてください。後々先方ともめた場合，有力な手掛かりになります（ただし，契約書に完全合意条項がある場合は，契約締結前の合意事項よりも契約書が優先するので注意してください）。

② 海外とのトラブルは海外ビジネスの専門家に相談する

　海外と取引をしていると海外の会社が倒産した，もしくは何か問題を起こしたということで，海外から書面やメールが届く場合があります。その場合は，

なるべく早く，自社の法務部や海外法務を熟知した弁護士等に相談をしてください。日本流の解決方法は，場合により事態を悪化させることもあります。

（2） トラブルの例

① 支払いの遅延

ライセンス契約で一番起きる問題は支払い遅延や不払いです。放送後に支払う条件で契約を締結したにもかかわらず，先方は放送が終わっても払ってこない。何度メールしても返信が来ない。こうしたトラブルは時々起こります。

この場合の解決方法は，とにかく早めに，頻繁に，ライセンシーにコンタクトをして支払いの催促することです。入金日を確認し未払いがある場合は，早めに支払いの催促をしてください。もし数カ月以上，誠意ある対応が見られなければ，海外法務専門の弁護士等に相談し，督促状を送付するなどの対応を考える必要もあるでしょう。こういうことが起きないよう，契約書ではライセンスフィーの前払いを義務付ける，また新規顧客は取引前に事前調査を徹底することが大切です。

② ライセンシーの倒産（破産）

契約書にも限界があります。例えば，ライセンシーが倒産（破産）した場合です。契約は当事者間の決め事ですが，破産法が適用になるとそれ以降，契約よりも債権者に対する財産保全が優先されます。結果相手の会社と締結した契約の約束事は反故になり，その後は債権者の一社として売掛金（債権）の回収に努めることになります。

ライセンシーが破産法の適用を受けた場合，破産管財人から手紙やメールなどが届きますので，速やかに海外法務弁護士に対応策を相談してください。ちなみに米国連邦破産法の場合，チャプターイレブン（Chapter11）は会社更生に関する条文，チャプターセブン（Chapter 7）は会社清算に関する条文です。

このようなことに巻き込まれないためには，ライセンシーの財務状態を常にチェックし，不安があれば，取引をやめる，取引する場合でも全額前払いのみ

で取引する等自衛策をとる必要があります。もし支払いが遅延している場合は，破産する前に支払ってもらうように催促することが重要です。

③　権利侵害等の対応

　ライセンサーとして海外番組販売している場合，自社の販売コンテンツが第三者の権利を侵害しているというクレームを受けることはあり得ます。販売前にきちんと権利確認をしていたとしても，ごくまれに一部の映像や楽曲等に誤って権利処理されていないものが含まれていたりする場合です。こうした事態に陥った場合は，速やかに社内の法務部と共に海外法務の弁護士に相談してください。事実を確認し，もし侵害状況が認定されれば，すぐにコンテンツの利用を止めて被害を最小限にします。そのうえで，弁護士を通じて権利者と向き合い，真摯に交渉を行うとともに，もしその時点でそのコンテンツをライセンスしている場合は，ライセンシーに対して，契約書に従って，真摯に丁寧に対応を進めます。

　こうした万が一の事態が起きないよう，制作時に権利の確認をきちんと行うことはもちろんですが，海外番組販売にはこうした事態がおきることを予め想定し，ライセンス契約を作成しておく必要があります（詳細は4-2-11，4-2-13参照）。

　第4章では，具体的な海外番組販売の契約書を使いながら，確認すべき点を説明していきます。

第4章

番組販売契約書の実務

4-1 はじめに
──契約書は権利を創出・活用・保護する

(1) 契約書の機能

本章では，ライセンサーの立場で，海外の放送局や配信事業者との間で番組販売契約（放送番組を現地において放送やデジタル配信する権利を許諾するライセンス契約）を締結する際に，番組販売契約に定められる重要な条項のポイントについて解説します。

番組販売契約だけではなくコンテンツのライセンス契約では，法律に定められた権利を許諾するというよりも，契約書に定義することによって存在させる権利を，ライセンシーに対して許諾し，維持・管理していくことになります。すなわち，契約書は，権利を創出し，権利を活用し，そして権利を保護するための重要なツールとなります。日本の企業と取引する場合には，契約書に定めなかったり，また簡単にしか定められていなかったりしても，契約解釈に関する共通の基盤をもっていると思われることから，解釈にズレが生じて問題が生じるケースは少ないように思います。

しかし，海外企業との取引においては，日本の企業との取引とは異なり，使用される言語が自国語ではない英語である場合が多く，また同じ言葉であってもそれに対する理解が異なる場合があったり，契約を解釈するための業界慣行や背景となる文化が異なったりすることから，当事者間で契約の解釈について疑義が生じないよう契約書にしっかり記載して定めておかないことには，取引

を実現する（権利の創出，活用および保護）ための適切な約束事にはなりません。契約書の機能を理解し，うまく使いこなすことができるよう，本章では，基本的な条項を提示して，そこに含まれる論点を少しでも分かりやすくなるよう説明していきます。

（2）　契約書の形態・ひな形

　番組販売契約の形にはさまざまなものがあります。契約内容をDeal Terms（取引条件）とGeneral Terms & Conditions（一般条項）に分けて規定する場合や，そのように区別することなく，1つのまとまった契約とする場合等があります。前者の場合には，Deal Termsに，取引毎に異なる契約条件（たとえば，契約期間，許諾番組，許諾権利等）を規定し，General Terms & Conditionsには，どの取引にも通して適用される契約条件（表明および保証，補償，権利等）を規定します。そして，Deal TermsとGeneral Terms & Conditionsは，一体となって1つの契約書を構成することになります。

　Deal TermsやGeneral Terms & Conditionsのどちらに，どのような条項を設けるかはケースバイケースですが，できる限り一般条項のなかに入れ込んでしまうことで，その部分の修正には応じない姿勢を見せることができる場合があります。また，自社の権利・利益を守ることができるしっかりとしたGeneral Terms & Conditionsを用意しておくことで，General Terms & Conditionsに定める事項以外の事項を交渉事項にして，効率よく契約締結へと進めることができるようにも思います。もっとも，このような場合でも，必要があれば，General Terms & Conditionsの内容を直接修正したり，Deal TermsにGeneral Terms & Conditionsとは異なる内容の規定を設けてGeneral Terms & Conditionsの内容を修正したりすることができます。

　番組販売契約を締結する場合，まずは，契約交渉をどのように進めるのかを考え，戦略を立てることが必要です。番組販売契約のひな形をライセンサーである自社から提案するのか，ライセンシーにドラフトを提示させてライセンサーが必要な条項を入れ込んでいくのか，ライセンシーから希望する条件を聞

き取って，それをライセンサーが受け入れられる範囲で自社の番組販売契約の
ひな形に反映してから交渉を開始するのか，契約交渉の方法はいろいろあると
思います。

　ただ，一般的には，ライセンサーが権利を有する放送番組を，その利用権を
希望するライセンシーに対して許諾することが番組販売ですので，まずは，ラ
イセンサーの希望する条件が反映されたライセンサーのひな形を提示すること
が望ましいように思います。ひな形を準備する手間が発生することが必要とな
りますが，本書を参考に，自社の利益やポリシーを反映した番組販売契約書を
準備していただくことができるようになれば幸いです。

（3）　重要なポイント

　本章では，番組販売契約のなかで特に留意すべき点について，個別に説明し
ていきますが，そのなかでも注意が必要な点は，許諾する権利とその範囲（定
義を含む），素材の取扱い，ライセンス料の支払条件，コンテンツの保護のた
めにライセンシーが導入するセキュリティ，準拠法と紛争解決手段ではないで
しょうか。また，最近では，放送番組を放送または配信した場合の各種データ
（放送時間，視聴率・視聴回数，視聴者の反応，SNSでのコメント数等）をラ
イセンシーに提出させることの重要性が増してきているように思います。この
ようなデータを活用することで，その国やマーケットを理解することにつなが
り，新たな番組制作や番組販売に役立たせることができることにつながるのだ
と思います。

　なお，本章で説明する条項は基本的な内容にとどめています。ここで提示し
ている条項をもとに各社の実情や取引の内容に応じた適切な条項となるよう，
各社でご検討いただくことが必要ですので，ご注意ください。

4-2 各条項の解説と例文

4-2-1 Parties（契約当事者）

> This LICENSE AGREEMENT ("Agreement") is made and entered into, on MM/DD, YYYY, by and among XXX, a corporation duly organized and existing under the law of Japan, having its principal place of business at [address] ("Licensor"), and YYY, a corporation duly organized and existing under the law of [country], having its principal place of business at [address] ("Licensee").
>
> 本ライセンス契約は，日本法に基づき設立されて存続し，[ ] に本店所在地を有するXXX（以下「ライセンサー」という。）と，[ ] 法に基づき設立されて存続し，[ ] に本店所在地を有するYYY（以下「ライセンシー」という。）との間で [ ] 年 [ ] 月 [ ] 日をもって締結される。

（1） 契約当事者の情報の確認

　番組販売契約を締結する当事者の情報は重要です。特にライセンシーに関する情報（存在するのか，名称・所在地，代表者等）が正しいか，ライセンシーが所在する国で利用可能な公的なデータベースや日本で利用することができる

企業調査サービス等を利用して確認することが必要です。そのようなデータベースや企業調査サービスが見当たらない場合には，少なくともライセンシーのホームページやフィルム・マーケットで取引のある会社からの情報を基にする等して，番組販売契約書（または，契約を締結する前に取り交わすタームシート）に記載された情報が正しい情報か，確認してください。何も情報がないライセンシーに対して番組をライセンスしてしまったがために，素材が納品された後一切の連絡もつかず，そのまま番組が無断利用され，ライセンス料の支払いもないまま番組の利用が継続してしまっている事例があります。

　また，租税リスクを回避する目的で，タックスヘイブンと呼ばれる国に形式的に会社を設立して，その会社をライセンシーとしている場合や，サブライセンスすることを前提に，単なるペーパーカンパニーがライセンシーとなっている場合が事例としては多くあります。また，グループ内の複数の会社に対してライセンスすることを目的として，グループ管理を行う会社やソーシングを行う会社が契約当事者になっているような場合もあります。このような場合には，仮にライセンシーに対して損害賠償を求めたとしても十分な損害の回復が得られない可能性もありますし，番組販売契約上の義務の履行を求めても効果が得られない（実際に番組を利用している会社が別の会社であるため）ことが考えられます。ライセンシーが，どの国で設立され，そのグループ会社のなかでどのような立場であって，どのような機能を有し，ライセンシーがどのようにして番組を利用するのか，そして十分な資力を有する会社であるのかを確認することが必要です。

　上記のケースでは，実際に権利を行使するサブライセンシーやグループ会社に対して，ライセンシーとの間で締結された番組販売契約に定められるライセンシーの義務を自らの義務として遵守することを誓約させる書面を，ライセンサーに対して差入させることも1つの解決方法になり得るように思います。

（2） 事業免許の確認

　いくつかの国では，その国で事業を行うために事業免許が必要となる場合があります。契約当事者に関する情報を確認する際には，あわせて，ライセンシーが所在し，事業を行う国での事業免許の要否や，ライセンシーの事業免許の取得状況についても確認しておくことが必要です。違法な事業を行っている企業に対するライセンスは避けなけなければなりません。

　特に，ライセンシーの本店所在地が所在する国と許諾テリトリーの国が異なる場合には注意が必要で，ライセンシーが許諾テリトリーで許諾権利を行使して放送やデジタル配信等を行うために必要となる事業免許を保有しているのか予め確認しておくべきであると思います。

（3） 契約締結日

　契約を締結した日が契約締結日です。そして，多くの契約では，契約締結日が契約期間の開始日とされています。

　しかしながら，契約の締結が遅れてしまうことは，よくあることです。特に海外企業との契約では，署名された契約書の戻りが遅く，両者の署名がそろうタイミングが，想定していた契約期間の開始日よりも遅れてしまうことがあります。契約期間が開始しているはずであるにもかかわらず，契約締結日が遅れた状態をそのまま放置してしまうと，その遅れた分，契約期間が短くなってしまうことになりますし，想定していなかったタイミングで契約期間が開始してしまう場合もあります。そのため，そのような事態を回避するために，実際に契約が締結された日を契約締結日としつつ，契約書には，契約期間の開始日を予定していた始期にあわせて定めておき，実際の契約締結日にかかわらず，契約書に定めた契約期間の始期に遡及して契約を適用させることが実務上行われているように思います。なお，契約締結日をバックデートすることは，事実ではない日を記載することになってしまいますので，社内決済手続き・ガバナンスの観点からは，回避することが望ましいのではないかと思います。

（4） 契約締結手続き

　契約締結手続きは，双方が実際に署名する場合もありますし，電子署名の方法で行う場合もあります。契約は合意した時点で成立しますが，実務上は，合意して実際に署名された契約書が存在することで初めて，契約に違反する相手方に対して，契約に基づきクレームすることが可能になります。たとえば，契約締結手続中に，何らかの問題が生じて，ライセンシーから契約を取り消されたり，契約は締結されていないからライセンス料の支払いはしない等と言われた場合に，ライセンサーが番組販売契約書に基づき契約の成立を主張したり，ライセンス料の支払いを求めたりすることができるのかという点においてリスクが発生してしまいます。

　実際に生じた事例では，契約締結手続きの段階で，サブライセンシーの所在する国で新たな法律が制定されたために予定していたサブライセンスをすることができなくなったことを理由に，ライセンサーとの番組販売契約の締結をキャンセルまたは番組販売契約への署名をしないという例がありました。もし，この事例で，電子契約の方法を採用して時間をかけずに番組販売契約に署名することができていれば，有利に交渉を進め，番組販売契約の成立を主張して問題なくライセンス料を回収することができたように思われます。

　このようなリスクを回避するためにも，契約条件に合意できたことだけで安心することなく，番組販売契約書の締結を早期に完了することが必要です。番組販売に関する主要な取引条件に合意しただけで，許諾番組の放送や配信のための準備（素材の提供等）を進めることを認めてしまうと，ライセンシーは，最終的な番組販売契約について交渉し，締結することのインセンティブを失ってしまいます。そのため，最終的な番組販売契約が署名されるまでは，権利許諾および素材の提供を含め，ライセンシーによる許諾権利の行使に向けた一切の行為を認めないことが必要だと思います。

4-2　各条項の解説と例文　　139

4-2-2 │ Grant of License（許諾権利）

（1）　Subject to Licensee's observance and performance of its obligations under this Agreement, Licensor shall grant to Licensee the Licensed Right(s) to exploit the Licensed Program(s) in the Licensed Territory(under this Agreement) for the Licensed Period in the Licensed Language(s).

ライセンシーが本契約に定めるその義務を遵守し，履行することを条件として，ライセンサーはライセンシーに対して，許諾テリトリーにおいて，許諾期間の間，許諾言語で許諾番組を利用することができる許諾権利を許諾する。

（2）　Licensor reserves all rights, titles and interests in and to the Licensed Program(s) that are not expressly licensed to Licensee under this Agreement, and Licensor may exercise and exploit the reserved rights without any restrictions in all services and media including new service and media to be developed in the future.

本契約に基づきライセンシーに対して明示的に許諾されていない許諾番組に対する全ての権利，権限及び利益は，ライセンサーに留保されるものとし，ライセンサーは，本契約に定められている場合を除き，将来開発される新しいメディアを含む全てのサービスとメディアにおいて留保される権利を一切の制限なく行使し，利用することができる。

（3）　If Licensee intends to sublicense the Licensed Right(s) to a sublicensee, Licensee shall notify, in writing, Licensor of the sublicensee's name, the Licensed Right(s) to be sublicensed, and other details to be requested by Licensor and obtain Licensor's prior written approval. Even in the case Licensee sublicenses any Licensed Right(s) to the sublicensee in accordance with this clause, Licensee shall not be released from its obligations hereunder and shall be responsible for supervising the sublicensee and ensuring the sublicensee complies with Licensee's obligations under this Agreement. In addition, Licensee shall assume all responsibilities arising from any of the

sublicensee's activities including non-performance of its obligations.
ライセンシーが許諾権利をサブライセンシーに対して再許諾すること
を意図する場合，ライセンシーはライセンサーに対し，サブライセン
シーの名称，再許諾される権利，その他ライセンサーが要求する事項
を書面で通知し，ライセンサーの事前の書面による承諾を取得しなけ
ればならない。ライセンシーが本規定に従って許諾権利の一部をサブ
ライセンシーに再許諾する場合においても，ライセンシーは，本契約
の義務から免責されることなく，サブライセンシーを監督し，サブラ
イセンシーに本契約上のライセンシーの義務及びその他の制約を遵守
させる責任を負う。さらに，ライセンシーは，その義務を履行しない
ことを含むサブライセンシーの一切の行為から生じる全ての責任を負
担する。

（1）　権利許諾

　1項では，「許諾テリトリーにおいて，許諾期間の間，許諾言語で許諾番組
を利用することができる許諾権利」がライセンシーに許諾されること，そして，
その権利許諾が，ライセンシーが契約条件を遵守することを条件とする旨を規
定しています。許諾番組，許諾権利，許諾テリトリー，許諾言語，許諾期間に
ついては，（2）以降に説明を記載します。

　2項は，ライセンサーによってライセンシーに明示的に許諾されない許諾番
組に関する権利の一切がライセンサーに留保され，ライセンサーが何らの制約
なく行使することができる旨を規定しています。この条項は英文契約では多く
認められます。念のために記載しておくことが，ライセンシーによる誤解を回
避することにつながるためです。

　そして，3項は，許諾を受けたライセンシーが第三者に対して許諾権利を再
許諾する場合に，ライセンサーの事前の承認を得るための手続きとサブライセ
ンシーの行為に対するライセンシーの責任等について定めています。もちろん，
ライセンシーが許諾権利を再許諾することができない旨を定めることもできま
すので，その場合には，その旨を定めるようにしてください。

（2） 許諾番組

　番組名やそのサブタイトル，エピソード数等の情報によって，許諾番組を特定し，どの番組を許諾するのかを定めます。特に複数のシーズンやエピソードがある番組の場合で，その一部のシーズンやエピソードだけを許諾する場合には，シーズンやエピソード番号に関する情報も重要になります。複数のシーズンやエピソードがある番組であるにもかかわらず，特定が不十分である場合には，そのすべてをライセンシーが利用することができる解釈になってしまう可能性もありますので，注意が必要です。

　許諾番組の許諾地域におけるローカルタイトルに関する定めを設けることもあります。ライセンサーが指定する場合もありますし，ライセンシーが提案して，ライセンサーの承諾を受けて定める場合もあります。どのような番組名で現地展開されるのかは番組に対するイメージを決定する重要な要素でもあるように思いますので，ローカルタイトルをライセンシーが考える場合には，ライセンサーの事前の承諾を条件とすることが望ましいように思います。

（3） 許諾権利

　以下に，取引条件と一般条項を分けて記載する場合に，Deal Termsに記載するとよいと思われる許諾権利の一覧表を作成しています。ひな形としてこちらを用意しておき，各取引において許諾することとなる権利にチェックマークを入れて使用することを想定しています。

Licensed Right(s)： 許諾権利：	*Broadcasting* 放送 1．Terrestrial（channel name） 　　地上波放送（チャンネル名） 　　　　□ exclusive　／□ non-exclusive 　　　　独占　　　　　／　　非独占 　　　　□ w/sublicense 　　　　再許諾権付 　　　　□ simultaneous broadcasting／distribution 　　　　同時再放送/同時再送信 　　　　□ catch-up（duration:（　）days） 　　　　キャッチアップ［期間：［　］日］ 2．Satellite（channel name） 　　衛星放送（チャンネル名） 　　　　□ exclusive　／□ non-exclusive 　　　　独占　　　　　／　　非独占 　　　　□ w/sublicense 　　　　再許諾権付 3．CATV（channel name） 　　ケーブルTV（チャンネル名） 　　　　□ exclusive　／□ non-exclusive 　　　　独占　　　　　／　　非独占 　　　　□ w/sublicense 　　　　再許諾権付 4．IPTV（channel name） 　　IPTV（チャンネル名） 　　　　□ exclusive　／□ non-exclusive 　　　　独占　　　　　／　　非独占 　　　　□ w/sublicense 　　　　再許諾権付

Digital Distribution
デジタル配信
1．SVOD/（service name）
　　SVOD（サービス名）
　　　　☐ exclusive ／ ☐ non-exclusive
　　　　独占　　　　／　　非独占
　　　　☐ w/sublicense
　　　　再許諾権付
　　　　☐ temporary download
　　　　（duration:（ ）days）
　　　　テンポラリーダウンロード
　　　　［期間：[　]　日］

2．AVOD/（service name）
　　AVOD（サービス名）
　　　　☐ exclusive ／ ☐ non-exclusive
　　　　独占　　　　／　　非独占
　　　　☐ w/sublicense
　　　　再許諾権付
　　　　☐ temporary download
　　　　（duration:（ ）days）
　　　　テンポラリーダウンロード
　　　　［期間：[　]　日］

3．TVOD/（service name）
　　TVOD（サービス名）
　　　　☐ exclusive ／ ☐ non-exclusive
　　　　独占　　　　／　　非独占
　　　　☐ w/sublicense
　　　　再許諾権付
　　　　☐ temporary download
　　　　（duration:（ ）days）
　　　　テンポラリーダウンロード
　　　　［期間：[　]　日］

Others
その他

1. Inflight/ (airline)
   航空機/ ［航空会社］
   □ exclusive / □ non-exclusive
   独占　　　　　/　　非独占
   □ w/sublicense
   再許諾権付

2. Ship/ (shipline)
   船舶/ ［船会社］
   □ exclusive / □ non-exclusive
   独占　　　　　/　　非独占
   □ w/sublicense
   再許諾権付

3. Hotel/ (hotel brand)
   ホテル/ ［ホテルブランド］
   □ exclusive / □ non-exclusive
   独占　　　　　/　　非独占
   □ w/sublicense
   再許諾権付

4. Theatrical/ (theater)
   劇場/ ［劇場名］
   □ exclusive / □ non-exclusive
   独占　　　　　/　　非独占
   □ w/sublicense
   再許諾権付

5. Non-theatrical/ (non-theater)
   劇場/ ［非劇場名］
   □ exclusive / □ non-exclusive
   独占　　　　　/　　非独占

		□ w/sublicense 再許諾権付

① 権利の許諾

　許諾権利に関する条項では，ライセンシーがライセンサーから許諾されて行使することができる権利を定めます。ライセンシーとの交渉のなかで，ライセンシーがどのような権利を求めているのかを確認し，それに対応した条項を定めることが必要です。

　なかには，ライセンシーに対してall rightsの権利許諾を認める場合もありますが，仮にその権利許諾が独占的な権利許諾である場合には，許諾テリトリーの他の第三者に対してライセンサーは権利許諾することができず，また，ライセンシーが許諾された権利を行使しない場合には，許諾テリトリーにおいて許諾番組の有効活用が行われない（塩漬けされる）可能性がありますので，どの権利を許諾するのか慎重に判断することが必要です。

② 許諾権利の定義

　ひな形では，許諾権利を，大きく「放送権」，「デジタル配信権」，および，「その他の権利」に分けて規定しています。「放送権」には，通常許諾することが多い無償の地上波放送，有償の衛星放送・ケーブルテレビ放送・IPTV等を含め，「デジタル配信権」には，SVOD・AVOD・TVOD等を含めています。

　許諾権利を明確かつ限定的に定めることは非常に重要です。ライセンシーが提示するひな形では，許諾権利の範囲を広く定めようとし，「等（and others)」や「その他類似する方法を含む（including other similar distribution manners)」，「将来開発されるデバイスを含む（including devices to be developed in the future)」といったように，合意した許諾権利の範囲以外のサービスやデバイスでの許諾番組の利用をカバーするような許諾権利の記載を求めてきますので，十分に注意が必要です。

　ライセンサーの権利を守る立場からは，明確かつ限定的に許諾範囲を定める

ことが必要です。誰が運営する，どんなサービスで，放送または配信すること
ができるのか，将来開発される同様のサービスは含まれないのか，サービスの
定義は疑義のない程度に限定的か等，1つ1つ定めていくことが必要です。特
に，ネット配信の世界では，日々新たなサービスが開発され，EST，TVOD，
SVOD，FVOD，AVOD，NVODだけではなく，今では，FAST（Free Ad-
supported Streaming TV）といった新しいサービスが出てきています。それ
ぞれの定義を明確にすることも大事ですが，それに加えて，新しく開発された
サービスのために許諾番組を利用する場合には，ライセンサーの事前の承諾と
追加のライセンス料の支払いが必要な建付けになっていることが必要だと思い
ます。また，新しく開発されたサービスやデバイスで許諾番組を利用する場合
には，そのための契約条件を考えることも必要になる場合があります。

　また，ライセンシーが許諾番組を利用することができるライセンシーのサー
ビス（チャンネルや配信プラットフォーム等）も，特定しておくことが必要で
す。事例としては，ブランド名を記載する例や関係会社が運営するサービスと
いった記載をしている例もありますが，このような定め方では，許諾番組を放
送または配信できるサービスが広範に失する可能性もありますので，たとえば，
チャンネルを運営する主体や配信プラットフォームのドメインを記載する等し
て許諾番組を放送または配信することができるサービスを限定しておくことが
望ましいように思います。

　少し飛躍しますが，生成AIについても，今後の番組販売契約において留意
しておくことが必要ではないかと思います。生成AIが登場し，最近では，テ
キストで指示するだけで映像作品を生成AIによって制作することができるよ
うになっています。日本の著作権法ではAI学習のために著作物を利用するこ
とが許容されていますが（各国における著作権の内容等は，各国の著作権法に
よって異なります），放送番組は，その映像素材だけに重要な要素があるので
はなく，そのフォーマットにも，たとえ著作権が認められないとしても，守る
べき財産としての価値があります。生成AIが多くの放送番組を学習して，そ
の基にあるフォーマットを利用し，新たな映像作品を利用することがあり得る

のかもしれませんが，もしそのようなリスクがあるのであれば，適用される法律の範囲内でAI学習のために許諾番組を利用することを禁止する条項を番組販売契約に明確に定めておくことも一案ではないかと思います。

③　独占権

　許諾権利をライセンシーに対して独占的に許諾するのか，または非独占的に許諾するのかは，番組販売契約において重要なポイントの1つです。

　後者の非独占的に許諾する場合には，ライセンス料が独占的な許諾の場合に比較して安くなること以外に，あまり心配することはないのかもしれませんが，前者の独占的に許諾する場合には，ライセンサーは，許諾権利と同じ権利を自ら行使することも，また第三者に対して許諾することもできませんので，注意が必要です（忘れやすい点ですが，ライセンサー自らが許諾テリトリー内で権利行使することを予定しているのであれば，ライセンサーは権利行使することができる旨を記載しておくことが必要です。また，多くの事例では，許諾された独占権を守るために，ライセンシーは，許諾権利以外の権利であっても，ライセンサーが許諾テリトリーで権利行使（第三者に対して権利許諾することを含む）しないこと（ホールドバック）を求めてくることになります。許諾権利を独占的に許諾するのかどうか慎重に検討するとともに，独占的に許諾するのであれば，相応の制約がライセンサーに発生することを前提に，ライセンス料が適正な価格になるよう交渉することが必要です。

　さらに，ライセンシーに対して許諾した許諾番組の配信権をグローバル配信プラットフォームに対しても許諾することがあるのであれば，そのようなグローバル配信プラットフォームへの配信権の許諾が，ライセンシーに対する独占的な許諾に違反するものではないことを確認する規定を設けておくことも有益です。

④　デジタル配信

　放送番組を許諾する場合，デジタル配信権を許諾する例が多くなってきてい

ます（デジタル配信権の許諾が前提となっているといった方が正確かもしれません）。この場合，「②　許諾権利の定義」で述べたように，許諾番組をデジタル配信することができる範囲は限定的に定めることが必要です。

SVOD，AVOD，TVOD等，その1つ1つがライセンスの対象となりますので，たとえば，オンデマンド配信（VOD）という用語を使用して，デジタル配信を不用意に広く定めてしまうことがないようにしなければなりません（VODは，SVOD，AVOD，TVOD，EST等のデジタル配信を広くカバーする用語です）。

そして，デジタル配信それぞれの定義についても，明確かつ限定的に定めるようにしてください。前述したように，ライセンシーのひな形には，「将来開発されるデジタル配信方法を含む」等となっていて，契約締結時点に存在していなかったサービスも権利許諾の範囲に含めてしまう定め方になっている例が多くあります。ライセンシーのひな形の定義条項を読み込むことは非常に手間がかかりますが，ライセンシーのひな形を利用する以上，何を許諾するのかを明確にするためにも，時間をかける必要がある部分です。

さらに，デジタル配信のためにライセンシーに対して提供する素材も限定して定めてください。ライセンシーが求めれば何でも無償で提供することになっている例も多くあります。デジタル配信のリスクは，その素材が漏れてしまった場合には，貴重なビジネスチャンスを失ってしまうことです（素材が第三者に勝手にネット上で利用されて，ライセンスする機会を失う場合があり得ます）。そのため，「4-2-17｜Content Protection（コンテンツ保護）」で述べるように，必要なセキュリティやコンテンツ保護手段を導入すること，求められるセキュリティのレベル，適時のアップデートやライセンサーによるセキュリティ監査の条項などが有益です。

また，AVODやFASTでは，許諾番組を配信する場合に，どこに，どのようなコマーシャルであれば挿入してよいのか等，コンテンツの価値を落とさないよう細かく定める場合もあります。

4-2 各条項の解説と例文　149

⑤　付随する権利の許諾

　許諾番組の放送権を許諾した場合に，ライセンシーのキャッチアップサービスで許諾番組を配信することを認めるのか，キャッチアップサービスを提供することを認めるライセンシーのサービスはどれにするのか（自社ブランドの配信プラットフォームではない，独立系の配信プラットフォームでキャッチアップサービスを提供している場合もあるようです），そのキャッチアップの期間は何日にするのか，許諾番組の同時再送信を認めるのか，TVODやSVODを許諾した場合にテンポラリーダウンロードを認めるのか等，ライセンシーが許諾テリトリーにおいて行う放送や配信サービスの実態に即した権利許諾になっていることが必要です。

　ライセンサーとしては許諾する権利を限定しようとするものの，ライセンシーからの曖昧な説明のままで広い権利許諾を認めてしまうこともあります。そのようなことがないよう，ライセンシーの許諾テリトリーにおけるサービスを理解し，どの権利が必要であるのか，特に許諾する権利とライセンス料の額がアンバランスにならないように配慮しつつ，許諾権利を定めなければなりません。

⑥　許諾権利の行使

　ライセンシーがライセンサーから許諾された権利を積極的に行使することを義務として定めることもあります。ライセンサーがライセンシーに対して権利許諾したものの，ライセンシーによって何の活用もされないまま，たとえば，SVODサービスで配信されるコンテンツの一覧を表示する画面（棚）のなかに単に置かれたままになっている状態では，レベニューシェアによるライセンス料の拡大につながらず，許諾番組が塩漬けされた状態になってしまいます。より積極的にライセンシーに宣伝・活用してもらうことで，許諾番組が視聴され，人気も出て，ライセンサーに対して支払われるライセンス料が発生・増加することになりますので，許諾された権利を積極的に行使する義務を定めることは，ライセンサーおよびライセンシー双方の利益を促進する観点から有益ではない

かと思います。また，許諾番組をフラットフィー（固定額）でライセンスする
場合には，許諾番組の視聴率や視聴回数はライセンス料の多寡に影響を与えな
いことから，許諾番組についてライセンシーが積極的な宣伝・広告等のマーケ
ティング活動を行う必要がないのかもしれませんが，許諾番組が許諾テリト
リーにおいて広く認知されて十分な視聴率や視聴回数を獲得できていることは，
次の取引機会のライセンス条件によい影響を与える可能性が出てきます。

　たとえば，SVODサービスの場合には，許諾番組がサイトのトップページに
掲載され，大きく宣伝されるのであれば，視聴される可能性も高くなりますが，
サイトの深い部分に掲載されてしまっているだけでは，視聴される可能性が小
さくなってしまいます。トップページのバナーを利用して許諾番組を宣伝した
り，許諾番組と類似する番組を集めたコーナーを制作したり，また，ライセン
シーの公式SNSで許諾番組の視聴が開始されることをアナウンスしたり等すれ
ば有効な宣伝活動となります。宣伝のための具体的な施策を規定することが難
しいようであれば，一般的なライセンシーによる積極的な宣伝義務を定めたり，
また許諾番組の宣伝活動のために費やす最低限の予算を定めたりすることも考
えられます。

　このようなライセンシーによる積極的な許諾権利の行使（許諾番組の宣伝
等）は，許諾番組の塩漬けを避け，ライセンサーおよびライセンシー双方の収
益を拡大させることにつながるものですので，是非検討していただきたい条項
です。

〈参考条項〉

Marketing and Promotion（マーケティング及びプロモーション）

（1）　Licensee shall make commercially reasonable efforts and spend mar-
　　　keting budget of USD ［　］ at minimum to promote the Licensed
　　　Program(s) so that awareness of and interest in the Licensed
　　　Program(s) can be maximized as much as possible in the Licensed
　　　Territory.

ライセンシーは，許諾番組の認知度や許諾番組への関心をできる限り最大化するために，許諾テリトリーにおいて許諾番組のプロモーションを行う経済的に合理的な努力を行い，最低［　］ドルのマーケティング予算を支出するものとする。

（2） Licensee may produce and utilize promotional materials at its own cost by using the Materials and excerpts from the Licensed Program, subject to obtaining the Licensor's prior written approval.
ライセンシーは，ライセンサーの事前の書面による承諾を得ることを条件として，自らの費用負担で本件素材及び許諾番組からの抜粋を利用して番組宣伝素材を制作し，利用することができる。

（4） 許諾テリトリー

ライセンシーが許諾番組を利用して放送や配信することができる国や地域に関する規定です。

どの地理的範囲で番組を利用することができるのか，明確に定めておくことが必要です。たとえば，許諾テリトリーが中国の場合には，香港や台湾を含めるのかどうか，また許諾テリトリーがアジアの場合には，どの国までをアジアに含めるのか，許諾テリトリーがフランス語圏の場合には，アフリカ北部の国も許諾テリトリーに含めるのか等，テリトリー１つをとっても考慮しなければならない問題が多くあります。

また，許諾テリトリーが隣接する国であるような場合，特に衛星放送では，その許諾テリトリー向けの衛星放送の電波が，隣接する国でも受信できてしまうこと（スピルオーバー）があります。こうした現象はやむを得ないことですが，ライセンシーによっては，許諾テリトリー外での許諾権利の行使であるとクレームされることを避けるために，それがライセンシーの義務違反を構成しないことを確認する条項を定めるよう求めてくる場合があります。また，ライセンサーが権利許諾した別のライセンシーが隣接する国で放送または配信して

152 第4章 番組販売契約書の実務

いる電波が，許諾テリトリー内で受信できてしまう場合もあります。ライセンサーが許諾テリトリーで独占的な権利許諾を行っている場合であれば，それがライセンサーの義務違反であるとクレームされる可能性もありますので，その現象についてはライセンサーが責任を負わない旨を定めておくことも考えられます。

（5） 許諾言語

　許諾番組について，どの言語での字幕版や吹替え版の制作を許諾するのかを定める規定です。吹替えだけを許諾する場合や，吹替えに加えて，字幕を付けることを許諾する場合もあります。さらには，タイで許諾をする場合であっても，現地で日本語のままで放送または配信する場合もあります。日本で運営されている配信プラットフォームでは，視聴者が英語を学ぶために，海外の映画や番組を英語で聞くとともに，同時に，英語の字幕を見ることができる配信方法もあるようです。同じようなことが，海外でも求められるかもしれません。

　許諾言語による字幕版や吹替え版を制作した場合に，その内容が日本語版の脚本や内容に従って忠実に翻訳されているのかのチェックを行うことがよいように思います。なかなか許諾言語を理解できるリソースがないかもしれませんが，なかには意図しない内容で翻訳されていて，日本語版のものとは異なるイメージで視聴者に捉えられてしまったり，想定していなかった内容の番組になってしまう場合もあります。仮に，許諾番組が原作のある作品（いわゆる，原作物）であった場合には，それによって，原作者の同一性保持権といった著作者人格権を侵害したり，原作者との原作利用許諾契約に違反してしまったりする可能性がありますので，注意が必要です。

　なお，字幕版や吹替え版の権利帰属やライセンサーによる字幕や吹替えのデータへのアクセス権については，「4-2-4｜Sutitleing/Dubbing（字幕/吹替え）」をご覧ください。

4-2 各条項の解説と例文 153

（6） 許諾期間

　許諾期間がいつから始まるか。通常は，具体的な期日を設定することで足りますが，許諾期間が到来して許諾権利を行使することができるための前提条件を定めておくことが有益です。たとえば，ライセンス料の全額や半額の支払いを条件にすることが考えられ，ライセンサーに対してライセンス料の支払いをしない限り，ライセンシーは許諾権利を行使できない構成とする方法です。ほかには，許諾番組のローカル版についてライセンサーがチェックして問題がないことが確認できたことや，許諾番組のローカル版について現地での検閲に合格したこと等も，権利行使の前提条件とすることが考えられます。

　許諾期間を具体的な期日をもって設定しているだけの場合，上記のように権利行使のための前提条件を定めておかなければ，当該期日が到来すると，仮にライセンシーによる義務違反等のライセンシーによる許諾権利の行使を認めたくない状況が生じても，ライセンシーは自動的に許諾権利を行使することができることになってしまいますので，定め方については注意が必要です。

　また，契約期間のなかで許諾権利ごとの許諾期間を適切に定め（複数の許諾権利を認めている場合には，どの順番で許諾権利を行使することができるようになるのか，それぞれの許諾期間をどう設定するのか等），ライセンシーによるコンテンツ利用の最大化を図ることも重要です。

（7） 再許諾

　3項（139頁）では，ライセンシーに対して許諾された許諾権利をライセンシーが第三者に対して再許諾するためには，ライセンサーの事前の書面による承諾を得ることを条件としています。この規定によって，ライセンサーに不利益が生じるような第三者に対して再許諾されることがないようコントロールすることができるようになります。

　再許諾する場合には，再許諾先がどのような当事者であるのかが，ライセンサーにとっては最大の関心事となります。そのため，再許諾先の情報（名称，

住所，提供するサービス，契約条件等）をライセンサーに対して通知し，承諾するかしないかの判断を十分にできるようにしておくことが必要になります。たとえば，過去の事例では，ライセンシーとのライセンス契約が終了したにもかかわらず，サブライセンシーが配信を継続していたところ，ライセンス契約が終了しているためにライセンシーはサブライセンシーに対して何もアクションをとらず，サブライセンシーによる配信を止めるためにライセンサーが直接サブライセンシーにコンタクトすることが必要になる場合がありました。サブライセンシーの情報がなければ，直接コンタクトすることができず，また，ライセンシーとのライセンス契約が終了したことやサブライセンシーによる配信継続がライセンサーの権利を侵害する違法な行為であることを伝えることすらできない状態でした（最終的には，現地の調査会社を使用してサブライセンシーを突き止めることになりました）。

　なお，注意が必要な点は，再許諾先とライセンサーの間には，直接の契約関係がないため，再許諾先に対してライセンサーが「契約違反」を直接クレームすることができない点です（著作権侵害等の法律上の権利侵害がある場合は別です）。そのため，サブライセンシーには，ライセンサーに対して，ライセンシーとのライセンス契約に基づきライセンシーに対して課せられた契約条件をサブライセンシーも遵守することを約束する誓約書を差入させることが有益です。こうすることによって，ライセンサーに対するサブライセンシーの契約上の義務を設定することができますので，ライセンサーが再許諾先に対して直接クレームし，契約上の義務の遵守を求めることができるようになります。

　また，グループ内での再許諾が必要になる場合がありますが，その場合には，誰と契約を締結することがよいのか，グループ内のどの範囲であれば，再許諾を認めるのか，誰が再許諾先に対して契約上の義務を遵守させる義務を負うのか等，明確にしておくべきです。

　最後に，ライセンシーによる再許諾を承諾するにあたり，ライセンシーとサブライセンシーのライセンス料等の経済的な条件を拘束してしまうことは，その国における独占禁止法に違反（再販売価格の拘束等の優越的な地位の濫用）

4-2　各条項の解説と例文　　155

してしまう可能性もありますので，現地の法律を確認して対応することが必要
です。

（8）　その他

その他の留意事項としては，放送の場合には，放送することができる期間や
回数（たとえば24時間以内の再放送を放送回数にカウントしない等の放送回数
の数え方を含む），そして，配信の場合には，その配信期間を定めることが権
利範囲を明確にするために必要になります。

〈参考条項〉

Broadcasting： 放送：	（1）Number of Runs:［ ］time(s) 　放送回数：［ ］回 （2）Broadcasting Period: 　放送期間： □ From MM/DD/YYYY to MM/DD/YYYY 　年/月/日から年/月/日まで □ ［ ］year(s) from the date of the first broadcasting of the Licensed Program(s), which shall be done before MM/DD/YYYY. 　許諾番組の初回放送の日から［　］年（但し，初回放送は，年/月/日までに行われるものとする） □ Until the last run of the Licensed Program(s), provided that the entire broadcasting period shall not exceed ［ ］year(s). 　許諾番組の最終放送まで（但し，放送期間は全体として ［ ］年を超えないものとする） □ Broadcasting Obligation: Licensee shall broadcast the Licensed Program(s) on MM/DD/YYYY or date(s) specified by Licensor separately. 　放送義務: ライセンシーは，年/月/日又はライセンサーが別途指定する日に許諾番組を放送する。

Digital Distribution : デジタル配信：	Distribution Period: From MM/DD/YYYY to MM/DD/ YYYY 配信期間：年/月/日から年/月/日まで

　上記では，番組販売契約においてよく見られる期間の定め方を選択できるようにしています。これら以外の方法で放送期間を定めることもできますが，特に初回放送を基準にして許諾期間を定めるのであれば，初回放送をいつまでに行う必要があるのか明確に定めることが必要です。この規定がない場合には，初回放送を行わない限り，永遠に放送期間が始まらず，許諾期間が開始しない（許諾期間が終了しない）ことになってしまいます。

　また，日本や他の許諾地域での放送や配信と連動させるために，特定の日に放送・配信することを定めることもあります。

（9）　ホールドバック

　ホールドバックは，許諾地域におけるライセンシーの許諾番組の利用を阻害しないよう，ライセンサーが同じ許諾地域内の第三者に同一または他の権利を許諾する時期を遅らせることや，一定期間権利行使しないこととする場合に定められる条項です。ライセンサーの権利行使のホールバックのほかに，ライセンシーによる許諾権利の行使を一定期間制限するために定められる場合もあるようですが，その点については許諾期間として定めることもできます。

　なお，非独占的な権利許諾であるにもかかわらず，ホールドバックを広く認めてしまうと，実質的には独占的な権利許諾と同じことになりますので，注意が必要です。

（10）　優先交渉権等

　優先交渉権等は，基本的にはライセンシーの利益のために定められることが多いように思われますが，それにはさまざまなパターンがあります。たとえば，ライセンシーがライセンサーから許諾番組以外の他の番組等のライセンスを受

ける権利またはライセンスを受けるための交渉を優先的に行うことができる権利（「優先交渉権」）として定める例が割と多く見受けられます。特に，許諾番組がシリーズものである場合に，許諾対象となっていない次のシリーズについて（それが制作された場合には）許諾を受けることを第三者に優先して交渉することができるようにすることで，シリーズ作品の継続したライセンスに役立つ規定です。

　もちろん，ライセンシーのFirst Refusal Rightsを設定すれば，ライセンシーが最初に交渉し，ライセンシーが許諾を受けないことを決定した場合に限り，ライセンサーは第三者に対してライセンスを提案することができるようになります。また，First Option and Last Refusal Rightでは，First Refusal Rightsの権利に加えて，ライセンサーが第三者とライセンスについて最終合意する前に，その第三者と合意しようとする契約条件で許諾を受けるか否かをライセンシーが再度検討することができ，ライセンシーが許諾を受けないことを決定した場合に限り，ライセンサーが当該第三者との間で契約を締結することができることになります。ライセンサーとしては，このようなオプションをライセンシーが求めてきた場合には，これを受け入れるのかどうか，慎重に判断することが必要です。

　また，逆に，ライセンサーが許諾番組の次のシリーズ等について優先してライセンシーと交渉してライセンスすることができる権利を定める場合もあります。この場合には，許諾番組に関して締結している番組販売契約に定める条件と同じ条件で，次のシリーズ等に関する番組販売契約を締結しなければならないかという点が重要になります。たとえば，許諾番組の視聴率が高くなる見込みがある場合には，将来，ライセンス料を増額することができるチャンスですので，ライセンス料の増額が制限されないような定めにしておくことが必要ですし，逆に，ライセンス料を減額させることなくライセンスすることが重要であれば，同じ条件でのライセンスとなるように定めておくことになります。

Special Conditions： 権利許諾に関連する 特約：	（1）Holdback ホールドバック Licensor shall not exploit or grant any license to exploit the Licensed Program（s）in any manner until MM/DD/YYYY in the Licensed Territory. ライセンサーは，●年●月●日までの間，許諾テリトリーにおいて，いかなる方法においても許諾番組を利用し，又は第三者に対して許諾番組を利用する権利を許諾してはならない。 （2）First Negotiation 優先交渉権 Licensee shall be granted the first negotiation rights for licensing prequel, sequel, spin-off and remake of the Licensed Program（s）, if any, and when Licensor intends to license any of those, Licensor shall let Licensee know its such intent first and give Licensor the opportunity to enter into negotiations with respect to licensing any of those before communicating with, contacting, soliciting, or offering to third parties. ライセンシーは，許諾番組のプリクエル，シークエル，スピンオフ又はリメイクについて優先して交渉することができる権利を許諾されるものとし，ライセンサーは，許諾番組のプリクエル，シークエル，スピンオフ又はリメイクをライセンスする意図を有する場合には，第三者に連絡，コンタクト，勧誘，提案する前に，その旨をライセンシーに優先的に通知し，それらのライセンスを交渉するための機会を提供する。

4-2　各条項の解説と例文　159

4-2-3　Delivery of Materials（素材の納品/返却）

（1）　The Materials shall be delivered in accordance with the Delivery Schedule subject to Licensor's receipt of full amount of License Fee.
素材は，ライセンサーによるライセンス料全額の受領を条件として，納品スケジュールに従って送付される。

（2）　Licensee shall evaluate the Materials for technical acceptance within ten（10）days following delivery and shall provide a notice to Licensor if Licensee finds any lacking, bugs or mistakes of the Materials or part of thereof.
ライセンシーは，素材を受領した後10日以内に，技術上の問題がないことについて本件素材を確認するものとし，素材又はその一部に不足，バグ，間違い等が発見された場合には，その旨をライセンサーに通知する。

（3）　Immediately after expiration or termination of this Agreement or the Licensed Period, Licensee shall cease utilizing or exploiting the Materials, in any manner, and destroy or return the Materials and all copies thereof, in accordance with Licensor's instruction.
本契約の終了後，又は許諾期間の終了後，ライセンシーは，本件素材を，いかなる方法又は手段においても使用又は利用することを中止する。ライセンシーは，本契約の終了後，又は許諾期間の終了後，直ちに，本件素材及びその複製物を，ライセンサーの指示に従って全て破棄し，又は返却しなければならない。

（1）　素材

　素材の納品に関して定めた条項案です。

　1項では，ライセンサーがライセンス料の全額を受領することが素材を送付することの条件としていますが，それと異なる取扱いを定める場合には，別途合意された条件を定めることになります。

素材として提供するものは取引毎で異なりますが，何を素材として提供する義務を負っているのか明確に定めることが必要です。「●●等」と素材を定める例が多く見られますが，「等」が含まれていることで，ライセンサーが広く素材の提供義務を負うことになってしまいます。ライセンサーの観点からは，提供する素材を限定的に列挙することが必要です。また，if available for Licensorとして，提供することが可能な場合に限り素材を提供するというような規定にすることで，想定していた素材が存在しなかった場合に対応できる（提供しない）ようにする方法も考えられます。

素材の送付における注意点は，かかる素材の準備および送付の費用をライセンサーとライセンシーのどちらが負担するかです。交渉次第ではありますが，典型的なライセンス契約であればライセンシーがその費用を負担する例が多いと思います。

次に，素材の送付のタイミングが極めて重要です。素材さえあれば，契約違反ですが，放送や配信をすることができてしまうためです。そのため，できる限り，ライセンス料の全額または最低限ライセンス料の半額の支払いがなされてから素材を送付するようにしてください。素材を引き渡してしまうとライセンシーは放送やデジタル配信することができる状況となり，（契約を遵守することは当然ではあるのですが）ライセンス料の支払いを行うインセンティブに欠けてしまいます。

また，素材を送付する具体的な日付を記載する場合もありますが，その場合の注意点は，その日が到来してしまうと，それまでにライセンス料の支払いが行われているか否かにかかわらずに，素材を送付することが必要になってしまうことです。そのため，素材の送付は，ライセンス料の支払いが行われたことを「条件」にすることが必要となります。

（1） The Materials to be prepared and delivered to Licensee at Licensee's cost in a format to be specified by Licensee:
ライセンシーの費用負担で，ライセンシーが指定するフォーマットで準備・ライセンシーに送付される素材：
- HD-CAM（1080 60i）with M/E tracks on separate channels
  別チャンネルのM/Eトラック付HD-CAM（1080 60i）
- promotional materials
  宣伝素材
- script（Japanese/English（if any））
  台本（日本語/英語（もしあれば））
- music cue sheet
  楽曲キューシート

（2） Delivery Method：□ via courier, □ in a form of digital data
送付方法：□ 国際宅配便, □ デジタルデータ

（3） Delivery date:
送付日
□ within ［ ］ days from Licensor's receipt of full amount of the License Fee
ライセンス料全額を受領した日から［ ］日以内
□ within ［ ］ days from Licensor's receipt of the first half amount of the License Fee
ライセンス料の最初の半額を受領した日から［ ］日以内
□ by MM/DD/YYYY
年/月/日まで
□ within ［ ］ days from execution of this Agreement
本契約の締結日から［ ］日以内

（2） 素材のチェック

　2項は，素材を受領したライセンシーが速やかにチェックして，送付された素材に問題がある場合には，ライセンサーに通知することを定めています（素

162 第4章 番組販売契約書の実務

材に問題があった場合に，ライセンサーが素材を再送すること等を規定する場
合もあります）。提供した素材に問題があった場合に，何度も，また納品後だ
いぶ時間が経ってから，再納品を求めてくるライセンシーも見られるところで
すので，検収の義務やスケジュールを定めておくことが必要です。

（3） 素材の返却

　3項（159頁）は，契約が終了した場合や許諾期間が終了した場合には，ラ
イセンシーは素材を利用することができないことと，返却または廃棄すること
を確認的に規定しています。素材の回収は必須です。素材が返却されずに転々
と許諾テリトリー内外で流通してしまうと，ライセンサーとしては，新たに許
諾番組をライセンスするビジネスチャンスを失うことにつながる可能性がある
ためです。

　デジタル素材については廃棄させることが必要ですが，廃棄させた場合には，
実際に廃棄されているのか分からないことが多くあります。そのため，ライセ
ンシーの権限ある責任者がサインした廃棄証明書を提出させて，廃棄したこと
を証明させることも有益です。廃棄証明書で廃棄したことを表明保証し，かつ
それに違反した場合には損害賠償する約束をしたにもかかわらず，素材が廃棄
されておらず，それによってライセンサーが損害を被った場合には，その廃棄
証明書を根拠として損害賠償請求することができることになります。

4-2-4 | Subtitling/Dubbing（字幕/吹替え）

（1） Licensee may subtitle and/or dub the Licensed Program(s) into the Licensed Language(s) at its costs; provided Licensee shall ensure that any part of the Licensed Program(s) is subtitled/dubbed based on, and without deviating from, the original script of the Licensed Program(s) with the highest standard in the industry in a manner respecting the artistic integrity of the Licensed Program(s).

ライセンシーは，その費用負担において，許諾番組に対し許諾言語で字幕を付し，又は吹替えを行うことができる。但し，ライセンシーは，字幕/吹替えを，許諾番組の原脚本に基づき，かつ許諾番組の原脚本から逸脱することがないよう，許諾番組の芸術的価値を損なうことのない方法及び業界における最高の基準で制作しなければならない。

（2） Licensee shall permit Licensor to access the subtitled and/or dubbed versions of the Licensed Program(s) and exploit them in accordance with the terms and conditions to be agreed between Licensor and Licensee.

ライセンシーは，ライセンサーが許諾番組の字幕版及び吹替え版にアクセスし，別途ライセンサーとライセンシーが合意する条件に従って利用することを認める。

字幕と吹替えに関する規定です。

　1項では，ライセンシーが自らの費用で字幕や吹替えを制作することができること，そして字幕および吹替えが許諾番組の原脚本から逸脱しないように制作されなければならないこと等を定めています。字幕や吹替えを制作する場合には，番組のブランドを毀損しないようにすることが必要となりますので，ライセンシーが制作した字幕や吹替えの内容をライセンサーが事前に確認し，その承認を得ることを条件として定めることが有益だと思います。しかし，現地語による字幕や吹替えの内容を確認する作業は，かなり手間や費用がかかり難

しいかもしれませんので，現地のエージェントなどを活用することもよいのではないかと思います。また，許諾番組のローカルタイトルについても，同様です。

　2項は，ライセンサーがライセンシーの制作した字幕や吹替えを，別途合意する条件（アクセス料等）に従って，アクセスして使用することができることを規定しています。字幕や吹替えの権利の帰属は，ライセンサーとしては，許諾番組を基に制作されたものであり，統一した権利保護を理由に，自らに権利帰属することを主張し，ライセンシーとしては，自らの費用負担で実際に制作したものであることを理由に自らに権利帰属することを主張するために，ライセンサーとライセンシーが揉めてしまい，強い交渉ができない限りは解決できないことが多くのではないかと思います。

　お互いが権利を主張することとなって解決できない状態に陥ってしまうことを回避するために，あえて権利帰属については記載しない方法を採る場合も，事例としては認められます。契約書上権利帰属の点について定めないことで紛争となるリスクはありますが，許諾地域の著作権法が日本の著作権法と同じ内容の著作権法であれば，原著作物の二次的著作物であって原権利者としての権利が及んでいること（すなわち，原権利者の承諾がない限りは無断で複製や翻案できない）を前提に，権利帰属について記載しないこともあるように思われます。

　また，字幕や吹替えに関する著作権をライセンサーが有するとしても，そのデジタルデータがライセンシーの手元にある場合には，実際に利用することができないことになります。そのため，2項では字幕や吹替えのデジタルデータにライセンサーがアクセスすることができる権利を定めていますが，ライセンシーが字幕や吹替えのデジタルデータをライセンサーに引き渡すことを定める場合もあります。

　しかし，ライセンシーが自らの費用で制作する字幕や吹替えであるため，こうしたライセンサーによる利用についてライセンシーが強く抵抗する場合があります。そこで，ライセンサーがアクセスして利用する場合に，字幕や吹替え

の制作費用の一部を負担することを条件として，ライセンサーが字幕や吹替え
を利用することができるようにしている事例が多くあります。もちろん，ライ
センサーとしては，ライセンシーに対し，字幕や吹替えの制作にあたって必要
な権利処理が行われ，ライセンサーによる利用に法的な障害がないことを表明
保証させることが必要です。

4-2-5 | Editing（編集）

> Licensee shall exploit the Licensed Program(s) without altering, modifying, replacing, cutting or editing any part thereof including music, credits, copyright notice and logo, provided, however, that Licensee may edit, the Licensed Program(s) at its own costs to the minimum extent necessary for the purpose of complying with laws, regulations, censorship requirements or industrial standards in the Licensed Territory.
>
> ライセンシーは，許諾番組のどの部分（楽曲，クレジット，著作権表示及び
> ロゴを含む。）にも変更，修正，取替，カット，又は編集を加えることなく，
> 利用しなければならない。但し，ライセンシーは，その費用において，許諾
> テリトリーの法律，規制，検閲条件又は業界基準を遵守する目的のために必
> 要な最小限度の範囲で許諾番組を編集，変更又は修正することができる。

　許諾番組の編集に関する規定です。

　原則として，ライセンシーは許諾番組の内容や著作権表示等に何らの変更を
加えることなく，最初から最後まで通して放送しなければなりませんが，許諾
地域の法律，規則，検閲，放送に関する業界基準に従うために最小限必要な範
囲でのみ，変更を加えることができることを定めています。その変更内容につ
いてライセンサーの事前の承諾を得ることを条件とすることを規定することも
考えられます。

166 第4章 番組販売契約書の実務

4-2-6 Report（報告）

Upon Licensor's reasonable request to Licensee, Licensee shall provide Licensor with data regarding the use of the Licensed Program(s) such as viewing rate, number of viewers, how many times the Licensed Program(s) is viewed, and other information required by Licensor.

ライセンシーは，ライセンサーから合理的に要求された場合は，ライセンサーに対して，許諾番組の視聴率，視聴者数及び視聴回数等の許諾番組の利用に関するデータその他ライセンサーから要求された情報を速やかに提供する。

　ライセンシーがライセンサーに対して，許諾番組の放送や配信における視聴状況等について報告することを定めた規定です。

　コンテンツの利用を許諾した後は，何も，その利用状況についての情報が共有されないことが，よくあるライセンス契約の例であると思いますが，許諾番組が実際に視聴されているのか，その視聴率（放送の場合）や視聴回数（配信の場合）はどの程度で，どの許諾番組が人気があるのか等の情報（デジタル配信の場合には，視聴回数，視聴者数，視聴者層，コメント，視聴をやめたタイミングや人数等の多様なデータを得ることができますし，SNSでの反響も有益な情報となります）を得て，これを分析しておけば，将来の番組制作や番組販売に少なからず役立つことになります。

　また，このような報告に関する条項を定めるだけではなく，定期的なミーティングをライセンサーとライセンシーとの間で開催し，許諾番組の認知度アップのためのマーケティング戦略を協議することも番組利用を最大化するための一案です。特に，番組販売だけではなく，商品化の権利も合わせてライセンシーに対して許諾するような場合には，このような定期的なミーティングを開催して商品展開を図ることが，ライセンシーとの関係構築や商品開発の上でも有益な方法であると思います（ライセンサーはユーザーの希望する商品を理

4-2 各条項の解説と例文　167

解でき，ライセンシーはブランド観点でどの範囲の商品化が可能であるのか理解できることになります）。

4-2-7 Payment of License Fee （ライセンス料の支払い等）

（1）　Licensee shall pay the License Fee in accordance with the Payment Schedule by remitting the License Fee via wire transfer to the bank account designated by Licensor. Any cost and expense required for such remittance shall be borne by Licensee.
ライセンシーはライセンシーに対し，支払スケジュールに従って，ライセンス料をライセンサーが指定するに銀行口座に振込送金する方法により支払う。但し，振込に要する費用は，ライセンシーの負担とする。

（2）　If Licensee fails to make any payment of the License Fee by the due date, Licensee shall, in addition to all other remedies available to Licensor, pay to Licensor a late payment charge at an annual rate of fourteen-point six (14.6) percent from the due date until the date of full payment, in addition to the amount of the delayed payment.
ライセンス料を支払日まで支払わなかった場合，ライセンシーはライセンサーに対し，また，ライセンサーが行使できる他の救済手段に加えて，ライセンス料の未払額に，本来の支払日から全ての支払いがなされる日まで年14.6％の割合による遅延損害金を加えた金額を支払う。

（3）　Licensee shall keep and submit to Licensor complete and accurate records of any and all Licensee's exercises of the Licensed Right(s), including the financial terms and conditions thereof for each fiscal quarter (January 1 to March 31, April 1, to June 30, July 1 to September 30, and October 1 to December 31) of the Licensed Period within one (1) month from the last date of respective fiscal quarter.

168 第4章 番組販売契約書の実務

> ライセンシーは，許諾期間の各四半期（1月1日から3月31日，4月
> 1日から6月30日，7月1日から9月30日，及び10月1日から12月31
> 日）における許諾番組の利用（その経済的な条件を含む。）に関して，
> 全ての許諾権利の行使の完全かつ正確な記録を書面で維持し，各四半
> 期の末日から1か月以内にライセンサーに対して提出する。

（1） ライセンス料の支払い

ライセンス料の支払いは，番組販売契約において最も重要な条項のうちの1つです。ライセンス料の設定の仕方に応じて，確実に支払いを受けることができるようにするための条項が必要です。特に初めて取引を行うようなライセンシーであれば，ライセンス料の素材提供前の前払いや，デポジットの支払いを求めるなどして，支払いを確保することが考えられます。

なお，本章では遅延損害金の利率を14.6%としていますが，当事者間の合意によって定められるものです。準拠法が日本法とされ，遅延損害金の利率を記載していない場合には，民法の規定により，遅延損害金の利率が定められることになります（本書の執筆時点では年3％）。

（2） ライセンス料

ライセンス料は，(i)固定された一定額（フラットフィー）で定めるパターン，(ii)ミニマムギャランティとして固定額を支払い，許諾番組の利用によって得られる収益によってミニマムギャランティをリクープし，ミニマムギャランティがリクープされた後は，収益の一部をライセンス料として支払うパターン，(iii)許諾番組を利用することによって得られる収益の一部をライセンス料として支払うパターン（リベニューシェア）等があります。

海外のライセンシーとの取引では，USドルをベースにしてライセンス料を設定することが多いように思いますが，長期の契約期間を定めたライセンス契約の場合には，ライセンス料は為替の変動によりリスクが生じることがあります。USドルをベースにライセンス料が設定され，それを受領したライセンサー

4-2　各条項の解説と例文　　169

が日本円に換算する場合，円安であれば問題はないのかもしれませんが，円高になった場合には，円安を前提にして想定していたライセンス料が目減りしてしまうことになります。

　こうした為替リスクに備えるためには，たとえば，一定の幅を超えて為替が変動した場合にライセンス料の変更について協議する条項を設けたり，為替リスクに備えた保険に加入したりする方法がありますので，契約期間が長く設定されたライセンス契約を締結する場合には，検討してみることがよいように思います。

□ USD（　）
　　[　] USドル

□ USD（　　）as the Minimum Guarantee and, after full recoup of the Minimum Guarantee, [　] % of the □ Gross/□ Net* revenue gained through exploiting the Licensed Right(s).
　　MG [　] USドル，MGを完全にリクープした後は，許諾権利の行使によって得られる□グロス/□ネット*収入の [　] %

□（　　）% of the □ Gross/□ Net* revenue gained through exploiting the Licensed Right(s)
　　許諾権利の行使によって得られる□グロス/□ネット*収入の [　] %

（3）　GrossとNet

　ライセンス料が固定された一定の金額となっている場合以外の場合には，許諾番組の利用によって得られる収益の一部がライセンス料として支払われることになりますので，支払うことが必要なライセンス料の計算にあたって，何をもって収益とするのかが問題となります。ライセンス料の計算の基となる収益（revenue）をグロス（Gross）とするのか，ネット（Net）とするのかは十分に注意することが必要です。

170　第4章　番組販売契約書の実務

　収益（revenue）をグロス（Gross）で計算する場合には，許諾権利の行使によってライセンシーが受領することとなる金額のすべてをライセンス料の計算の基にすることとなりますが，その場合に，何が収益に該当するのか（たとえば，サブライセンスした場合のサブライセンシーからの支払額やバナー広告に許諾番組を掲載することによって得られたアフィリエイト収入を含むのか等）を明確にしておくことが必要です。

　他方で，収益（revenue）をネット（Net）で計算する場合には，グロス（Gross）から控除することができる費用（字幕/吹替えの制作費用，マーケティング費用，エージェントを利用した場合のエージェントフィー等）を限定的に定めておくことが必要です。控除することができる費用が限定的に列挙されていない場合には，許諾番組を利用するにあたって発生した費用のすべてが控除できる費用として扱われてしまい，結局のところ，ライセンサーに対して支払うことが必要なライセンス料が発生しない状態になってしまう場合があります。実際にあった事例では，控除できる費用項目が曖昧で，またライセンシーから受領する明細書（statement）に記載することが必要な項目（費用の一覧）についても曖昧であったために，支払いを受けることができるライセンス料が生じていない理由を見つけることができず，その状態を受け入れるしかなかったケースがあります。もし，控除できる費用の一覧を作成することができないのであれば，上記のような状態を回避するためにも，少なくとも控除することができる費用の額の上限を定め，「（4）　支払条件」で記載するように，支払額について疑義が出ないよう明細書（statement）に記載する事項を明確にしておくことが必要ではないかと思います。

---

*The costs or expenses Licensee may deduct from the Gross revenue to calculate the Net revenue shall be [　], [　] and [　].
*ネット収入を計算するためにグロス収入からライセンシーが控除することができる費用又は経費は，（　　　），（　　　）及び（　　　）とする。

4-2　各条項の解説と例文　171

　ライセンシーが提示するひな形では，ネット（Net）を算出するためにグロス（Gross）から控除できる費用や経費が広範囲に定められているケースが多く見られますので，特に注意して契約書のレビューを行うことが必要となります。

（4）　支払条件

　ライセンス料の支払いに関する条項案です。

□ The full amount of the License Fee is due and payable by MM/DD/YYYY.
　ライセンス料の全額を●年●月●日までに支払う。

□ The full amount of the License Fee is due and payable within ［　］days from execution of this Agreement.
　ライセンス料の全額を本契約の締結日から［　］日以内に支払う。

□ The half amount of the License Fee is due and payable by MM/DD/YYYY, and the other half amount of the License Fee is due and payable within（　）days after delivery of Material(s).
　ライセンス料の半額を●年●月●日までに，残りの半額を素材が納品された日から［　］日以内に支払う。

□ The License Fee is due and payable no later than the end of the second month following every March, June, September and December.
　ライセンス料を毎年３月，６月，９月及び12月の翌々月末日までに支払う。

　ライセンス料がフラットフィー（固定額）の場合に分割払いとする例（たとえば，契約締結時にライセンス料の50％を，素材の引渡後にライセンス料の残りの50％を支払う）が多く見られますが，ライセンス料を回収できないリスクを最小限に抑えるためには，素材の引渡前の一括払いとすることをお勧めします。一括払いが難しい状況であったとしても，素材の引渡前にできる限り多く

のライセンス料をライセンシーが支払うようにしておくことがよいと思います。

　また，許諾番組の利用によって得られる収益の一部をライセンサーに対するライセンス料として支払う場合には，ライセンス料を算出するための計算が適切に行われているのかどうかを判断することができるように，定期的な明細書（statement）の提出を義務付けることが有益です。また，単に明細書を提出させることだけを規定するのではなく，その明細書に記載するべき事項（収益の額，収益を生じた取引先，収益から控除した費用の項目と額，ライセンス料を計算する際に使用した計算式等）や，明細書に記載された事項について疑義がある場合には，ライセンシーはライセンサーの要求に応じて必要な情報を提供したり，ライセンサーと協議して解決したりすることまでも記載しておくと，ライセンシーによるライセンス料の正確なライセンス料の支払いを担保することにつながります。

4-2-8 ｜ Tax（税金）

（1）　Licensee shall pay the License Fee hereunder in full to Licensor without any reduction of taxes, custom duties, censorship charges, and any other charges.
ライセンシーはライセンサーに対し，税金，関税，検閲費その他の手数料を一切控除することなく，ライセンス料の全額を支払う。

（2）　Notwithstanding the foregoing, if deduction of the withholding tax is required by the applicable laws, Licensee may deduct the amount of the withholding tax from the License Fee to be paid to Licensor, provided that Licensee shall（ⅰ）provide Licensor with all original tax receipts issued by the appropriate tax authority, and（ⅱ）cooperate with and provide Licensor with necessary information or documentation requested by Licensor so that Licensor can receive benefits of tax reduction fully.

> 前項の規定にかかわらず，本契約に基づくライセンサーに対するライセンス料の支払いから源泉税を控除することが求められる場合，ライセンシーは，その支払いから源泉税相当額を控除することができる。但し，ライセンシーは，(i)ライセンサーに対して，源泉税の領収書の原本を提供し，かつ(ii)ライセンサーが税の減免を受けることができるようライセンサーと協力するとともに，ライセンサーが合理的に要求する必要な情報や書類を提供する。

　1項では，ライセンシーがライセンサーに支払うライセンス料から，税金，関税，検閲に要する費用その他の手数料を控除することができない旨，すなわちこれらについてはすべてライセンシーが負担する旨を定めています。こうした控除を認めない定めがライセンサーの観点からは，通常であると思います。

　他方で，2項では，ライセンシーが所在する許諾テリトリーで適用される法律により，ライセンシーがライセンサーに支払うライセンス料に源泉税が適用される場合に，ライセンシーがライセンス料から源泉税を控除することを認めています。これは，ライセンサーが所在する国とライセンシーが所在する国との間で租税条約が締結されている場合には，二重課税を避けるために，ライセンシーが支払った源泉税分の全部または一部についてライセンサーが支払う税額から減免が認められるためです。具体的には，ライセンシーが源泉税を支払った場合には，その支払いを証明する書類（税務署が発行する領収書等）を提出させ，それをライセンサーが納税時に提出することで，全額または一定額の減免を受けることができます。そのために，ライセンシーに源泉税の支払証書の取得およびライセンサーへの交付やその他の協力を行うことを定めています。なお，源泉することが必要であるにもかかわらず，このような源泉税の控除を認めず，源泉されて減額される額をライセンシーのライセンサーに対する支払額に加算してライセンシーに支払いをさせる例も存在します。

4-2-9 | Copyright Notice（著作権表示）

The following copyright notice shall be included and shown on the Licensed Program（s）and its promotional materials as designated by Licensor.

© (　　　)

以下の著作権表示をライセンサーの指定するところに従って許諾番組及び宣伝素材に含めて表示する。

© (　　　)

（1） 著作権表示

　許諾番組や宣伝素材に表示する著作権表示に関する規定です。

　ライセンサーのブランド戦略のためにも，著作権表示やクレジットの表示は，非常に重要なポイントでもありますので，表示すべき著作権表示だけでなく，著作権表示を行う場所や大きさ等について，必要があれば契約書に定めることを検討してください。著作権表示を行うことだけを定めている事例もありますが，そのようにするのであれば，少なくとも，ライセンサーの事前の承諾事項とすることが必要だと思います。

（2） 著作権表示のためのデジタルデータ

　著作権表示を行うためのデジタルデータの提供を求められると思いますが，デジタルデータが勝手に利用されてしまうことがないように，その管理や消去に関する規定も設けることが必要です。

4-2-10 Music（楽曲）

> Licensee shall be responsible for clearing related rights and making necessary payments for any music public performance rights required in the Licensed Territory for exploiting the Licensed program(s), provided that Licensor shall provide Licensee with music cue sheets in respect of all musical compositions and/or sound recordings embodied in the Licensed Program(s).
>
> ライセンシーは，許諾権利を行使することに関して，許諾テリトリーにおいて要求される楽曲の演奏権の権利処理及び必要な支払いについて責任を負うものとする。なお，許諾番組に利用される楽曲及びサウンドの全てに関するキューシートをライセンサーから提供されるものとする。

（1） 楽曲に関する権利処理および支払い

　楽曲に関する規定です。許諾番組に使用されている楽曲の演奏権の処理がライセンシーの義務であること，そして，そのために必要な楽曲キューシートがライセンシーに対して提供されることを規定しています。通常は，現地の著作権管理団体に対する支払いによって利用することができるはずですが，その支払いを行うことがライセンシーの義務であることを明確に定めておくことが必要です。

（2） 楽曲に関する表明保証

　ライセンシーがライセンサーに対して，楽曲についての表明保証を求めることが多くあります。特に，当該楽曲が，(i)著作権管理団体によって管理されており，現地の著作権管理団体に対して支払いを行うことによって許諾番組の放送や配信のために利用することができること，(ii)ライセンサーがすべての権利を保有しており，ライセンサーとの契約によってライセンシーが楽曲を許諾番

176　第4章　番組販売契約書の実務

組の放送または配信のために利用することができること，または，(iii)当該楽曲がパブリックドメインであり，新たな権利処理を要することなく利用することができることの保証を求めてくることが多いように思います。この程度の保証であれば，ライセンサーとしては受け入れることはできると思いますが，それを超えるような保証を求められるようであれば，リスクが大きいと判断して慎重に検討することがよいのではないかと思います。

4-2-11 Withdrawal of Licensed Program （許諾番組の撤回）

> With providing a notice to Licensee, Licensor may withdraw the Licensed Program(s) at its sole discretion if Licensor reasonably believes that exploiting the Licensed Program(s) would (i) infringe the rights of any third party, (ii) violate any law or regulation, or (iii) subject Licensor to any liability, provided that Licensor and Licensee shall discuss whether Licensee may broadcast or distribute an alternative TV program(s) or whether part of the License Fee already paid by Licensee shall be returned to Licensee on a proportional basis.
> ライセンサーは，許諾番組を利用することが，(i)第三者の権利を侵害し，(ii)法律や規制に違反し，又は(iii)ライセンサーに何らかの責任が生じるとライセンサーが信じる場合，ライセンサーの単独の裁量により，ライセンシーに事前に通知することを条件として，ライセンシーに対して許諾された許諾番組を撤回することができる。但し，ライセンサーとライセンシーは，ライセンシーが代替番組を放送又は配信できないか，又は，ライセンシーからライセンサーに既に支払われたライセンス料の一部を放送又は配信できなかった分に応じて返金できないかということについて協議するものとする。

　ライセンサーがライセンシーに対して許諾した許諾番組のライセンスを撤回することができる旨を定めた規定です。ここでは，許諾番組をライセンシーが放送または配信等することで，第三者の権利を侵害したり，許諾テリトリーの

法律や規則に違反したり，またはライセンサーに損害賠償責任が発生したりする場合に，ライセンサーの権利として許諾番組を撤回することができることを定めています。

　許諾番組が第三者の権利を侵害する可能性がある場合（許諾番組に原作者がいれば，原作者との権利処理ができていなかった場合等）に，その許諾番組のライセンスを撤回することができなければ，ライセンシーが継続して許諾番組を放送または配信し，権利侵害を原因としてライセンサー（ライセンシーも）が被る損害（第三者に対する損害賠償等）の発生が継続することになります。また，ライセンシーが損害を被った場合には，番組販売契約に基づきライセンサーが補償することが必要となる場合があります。そのため，許諾番組に本条に該当するような事由が認められた場合には，速やかに当該許諾番組をライセンスの対象から撤回することができるよう定めておくことが有益です。

　もっとも，許諾番組を撤回した場合に，ライセンシーがライセンサーに対して何らかの措置を求めることが当然ではないかと思います。たとえば，ライセンス料を放送または配信できなかった期間に応じて一部返還することや，他の同程度の放送番組をライセンスすること等が考えられます。もしものことが発生した場合の解決策について予め定めておくこともできますし，本条項案のように協議によって解決することも考えられます。

　もっとも，撤回することをライセンサーの当然の権利として定め，当該撤回によってライセンサーがライセンシーに対して何らの責任も負わないように定めることもあり得るかと思いますが，交渉としては，なかなか難しいものになるように思います。

178 第4章 番組販売契約書の実務

4-2-12 | Audit（監査）

（1） Licensee shall prepare and maintain complete and accurate records during the Term and for a period of three（3）years thereafter relating to the performance of its obligations and all transactions in connection with the exercise of the Licensed Right(s).

ライセンシーは，契約期間及びその後3年間，ライセンシーの義務の履行及び本契約に基づく許諾権利の行使に関する全ての取引について，完全で正確な記録を作成し，これを維持する。

（2） Licensee shall provide the records prepared by Licensee in accordance with the previous clause whenever requested by Licensor during the Licensed Period and three（3）years thereafter, and Licensor shall have a right to inspect and audit by itself or through a third party designated by Licensor those records at Licensor's cost any time in Licensee's regular business hours.

ライセンシーは，ライセンサーが求めた場合にはいつでも，前項の規定に基づき作成した記録を提供するものとし，ライセンサーは，許諾期間及びその後3年間，ライセンシーの通常の営業時間内のいつでも，ライセンサーの費用負担において，ライセンサー自ら又はライセンサーが指定した第三者を通じて記録を調査及び監査することができる。

（3） If the audit has revealed that the amount Licensee has paid to Licensor was below the amount that should have been paid under this Agreement, Licensee shall immediately make the payment of the unpaid amount plus the late payment charge at an annual rate of fourteen point six（14.6）percent from the due date until the date of full payment; provided, however, that, if the unpaid amount exceeds five（5）percent of the total amount that should have been paid under this Agreement, Licensee shall be responsible for all of the costs of such audit and, reimburse them to Licensor immediately.

> ライセンシーの支払額が本来支払わなければならない金額を下回ることが監査によって明らかになった場合，ライセンシーは，速やかに，未払額に，本来の支払日から全ての支払いがなされる日まで年14.6％の割合による遅延損害金を加えた金額を支払う。但し，未払額が本来支払わなければならない金額の5％を超える場合，ライセンシーは，当該監査に要した費用全額について責任を負担するものとし，直ちにこれを支払う。

　ライセンサーが，ライセンシーによるライセンス料の支払義務を含む義務の履行状況を監査するための規定です。

（1）　監査条項

　1項では，ライセンシーが監査の対象となる各種資料の作成および保管義務を負担することを規定し，2項では，それらをライセンサーが監査できることを定めています。

　監査を行う場合に事前の通知を条件とする場合もありますが，監査の実効性を担保するためには事前の通知がなくとも監査できるようにするか，それほど期間をあけないタイミングでの事前通知を条件とするべきです。さもなければ，ライセンシーが記録を隠したり，改ざんしたりすることができる時間的な余裕を与えることとなってしまうためです。また，監査の回数を，たとえば1年間に1回に限定することを求められる場合もありますが，ライセンシーを信頼することができるかどうかに応じて，監査の回数を限定することに応じられるのかどうかを判断することが必要です。

　3項は，ライセンサーの監査によって支払うべき金額が不足していたことが判明した場合には，その不足額を速やかに支払うことと，不足額が本来支払うべきライセンス料の5％相当額以上であった場合には監査費用もライセンシーが負担することを定めています。この規定は，監査費用を負担しなければならないリスクを回避するために，ライセンシーが適切な支払いをすることを意図するものです。なお，実際の監査は，ライセンサーが自ら実施する場合もあり

180　第4章　番組販売契約書の実務

ますが，現地の監査法人や弁護士事務所を活用して行うこともありますので，監査を行うことができる当事者には，こうした者を含めるようにしてください。

（2）　監査条項の必要性

通常は，ライセンス料の支払いが番組販売契約に従って行われていることを確認することを目的として監査が行われますが，この条項案（2項）では，ライセンス料の支払いに限定することなく，ライセンシーが番組販売契約に基づく義務（たとえば，許諾番組の放送または配信の方法，コンテンツ保護手段の導入状況等）を遵守して，権利行使しているかどうかを確認することを目的としています。また，ライセンス料が固定額である場合には，監査に関する条項は不要であるとライセンシーから主張されることもありますが，このようにライセンス料の支払い以外の義務の履行状況も監査の目的とする場合には，監査に関する条項を削除する必要はありません。もっとも，ライセンス料の支払いのみに関する3項については削除に応じることはできるかと思います。

MGを設定した場合やリベニューシェアで収益を分配する場合には，この監査の条項は必須です。実際に監査を行うかどうかは別問題ですが，この規定によって監査を受けるかもしれない，監査を受ければ契約違反の状態がばれてしまうという状態にあることが，ライセンシーに対して番組販売契約に定める義務を遵守するインセンティブを与え，結果，適切なライセンスフィーの支払いを含むライセンシーの義務の履行につながることになります。特に，海外企業との番組販売契約では，どうせライセンサーは費用のかかる訴訟を行ってまでも未払額の請求をしないだろうという意識が働きやすい環境ですので，このような監査の条項が，ライセンシーによる義務の履行を担保する観点から重要となります。

4-2-13 | Warranty and Representation（表明保証）

（1） Licensor warrants and represents that;
ライセンサーは以下の事項について表明し，保証する。

　a. it is duly organized, validly existing and in good standing under the laws of the jurisdiction in which it is incorporated;
ライセンサーが設立された法域の法律に従って適法に設立され，有効に存在していること

　b. it has full capacity and authority to enter into this Agreement and observe and perform its obligations under this Agreement; and
本契約を締結するとともに，本契約に基づく義務を遵守し，履行する完全な能力及び権限を有すること

　c. to Licensor's knowledge, the exercise of the Licensed Right(s) by Licensee hereunder will not infringe third party's copyrights.
ライセンサーが知る限り，ライセンシーによる許諾権利の行使が，第三者の著作権を侵害しないこと

　d. Licensee acknowledges and agrees that Licensor gives no representation or warranty other than as expressly set out in this Agreement to the maximum extent permitted by laws.
ライセンシーは，法律によって最大限許容される範囲で，本契約に明示的に規定される場合を除いて，ライセンサーによるいかなる表明又は保証も行われていないことを認識し，これに同意する。

（2） Licensee warrants and represents as following;
ライセンシーは以下の事項について表明し，保証する。

　a. it is duly organized, validly existing and in good standing under the laws of the jurisdiction in which it is incorporated;
ライセンシーが設立された法域の法律に従って適法に設立され，有効に存在していること

b. it has full capacity and authority to enter into this Agreement and observe and perform its obligations under this Agreement; and

本契約を締結するとともに，本契約に基づく義務を遵守し，履行する完全な能力及び権限を有すること

c. it will comply with all of the restrictions on the exercise of the Licensed Right(s) hereunder and perform the Licensee's obligations under this Agreement.

本契約に基づく許諾権利の行使に対する制限を遵守し，ライセンシーの義務を履行すること

　ライセンサーおよびライセンシーそれぞれによる相手方に対する表明保証に関する規定です。

　ライセンシーは，ライセンサーに対して，放送や配信のためにライセンス料を支払った許諾番組について，それがライセンシーによる利用のために適切に権利処理されていること，ライセンシーが番組販売契約に定められる制約や支払義務以外の制約に服することなく，また追加の支払いを要することなく利用することができること，許諾番組が第三者の権利（名誉やプライバシーを含む）を侵害しないこと，許諾番組の内容が許諾地域の法律に違反しないこと等を，ライセンサーによる表明保証に含めることを求めてくることが多いように思います。

　ライセンサー側で問題なく受け入れられるのであれば受け入れることでよいのだと思いますが，許諾番組が制作会社等を利用して制作され，ライセンサーがすべての情報を把握しているわけではないことを考えると，許諾番組が第三者の権利を侵害することなく制作されたものであることを表明し，保証することは大きなリスクを負担することになるように思います。また，ライセンサーや制作会社は，許諾地域の法律を知りませんし，現地の文化を知らない以上，何が名誉やプライバシーを毀損するのかも分かりません。

どうしても，そのような表明保証を受け入れざるを得ないのであれば，表明保証を「知る限り」の保証として，「ライセンサーが知る限り，許諾番組が第三者の権利を侵害しないことを表明保証する」等としてリスクをコントロールすることが必要です。

また，ライセンシーによっては，権利移転（Chain of Title）の証明を求める場合があります。許諾番組の制作にあたって権利処理しなければならない第三者（原作者，監督，脚本家，出演者等）との間で必要な契約を締結し，ライセンシーに対して，番組販売契約に定めるとおりに権利許諾できる状態であることや，番組販売契約で定められた支払い以外の支払いを要することなく許諾番組を利用することができることを確認することが目的です。具体的には，原作者，監督，脚本家らから，ライセンサーが権利許諾または権利譲渡していることの証明書を出してもらい，それをライセンシーに対して提出することになります。

しかし，すべての権利移転（Chain of Title）を証明する契約書等の書面が揃っていないケースも多々あるように思いますので，そのような場合には，交渉次第ではありますが，権利移転（Chain of Title）を証明する書面を提出できない代わりに，第三者から権利侵害等のクレームがなされた場合には，ライセンサーがその責任と費用負担で解決することをライセンサーの義務として定めることで対応してもよいのではないかと思います。

4-2-14 Indemnification（補償）

> Licensee shall indemnify and hold Licensor and other right holders of the Licensed Program(s) harmless from and against any and all claims, losses and damages arising from or in connection with Licensee's breach of its representations, warranties and other obligations under this Agreement.
> ライセンシーは，ライセンサー及び許諾番組の他の権利保有者を，ライセンシーの表明保証違反又は義務違反から，又はこれに関連して生じるいかなるクレーム，損失及び損害からも保護し，補償する。

　ライセンシーのライセンサーに対する補償の規定です。

　ライセンシーは，番組販売契約に定める義務や表明保証に違反したことによってライセンサーおよび許諾番組について権利を有する第三者が被った損害のすべてを補償することを定めています。また，ライセンサーによる補償責任についても同様に定めることが多いように思いますが，ライセンサーの責任範囲を明確かつ限定的にするために，ライセンシーによる許諾権利の行使によってライセンシーが被った損害があったとしても，ライセンサーは責任を負わず，ライセンシーのみが許諾権利の行使について責任を負う旨を定める事例もあります。ややもすればライセンサーの責任範囲が広くまたは大きくなる場合もありますので，このような方法で責任範囲を限定しておくことも一案です。

　ライセンス契約を締結する場合には，ライセンシーがライセンサーに対して損害賠償義務を負担した場合に，その損害賠償義務を履行するだけの財務的な余力をもっているのかを見極めることが非常に重要です。特に，税務目的でペーパーカンパニーをオランダやアイルランドといった国に設立し，その会社をライセンシーにしている場合もありますので，所在地やライセンシーのライセンシーグループにおける位置付けについては予め確認しておくことが必要です。そのため，子会社であれば，親会社の連帯保証であったり，万が一の損害賠償義務の履行をカバーするための保険に加入させたりすることも有益なリス

ク回避の方法であると思います。

4-2-15 Ownership（権利帰属）

All title and rights in and to the Licensed Program(s), the Materials, subtitle and dub of the Licensed Program(s), and the subtitled and/or dubbed versions of the Licensed Program(s) shall be at all times owned by Licensor or third parties designated by Licensor, and Licensee shall not obtain any right in or to the Licensed Program(s), the Materials and the subtitled and/or dubbed version of the Licensed Program(s) except for the Licensed Right(s) granted hereunder.

許諾番組，本件素材，許諾番組の字幕及び吹替え，許諾番組の字幕版及び吹替え版に関する全ての権限及び著作権を含む全ての権利は，常に，ライセンサー又はライセンサーが指定する第三者に帰属し，ライセンシーは，許諾権利を除き，許諾番組，許諾番組の字幕版及び吹替え版及び本件素材に関して，著作権を含むいかなる権利，所有権又は請求権も取得しない。

　許諾番組，許諾番組の字幕版および吹替え版および素材に関する権利の帰属に関する規定です。すべての権限および著作権を含むすべての権利がライセンサーまたはライセンサーが指定する第三者に帰属することを規定しています。

　「4-2-4｜ubtitling/Dubbing（字幕/吹替え）」で記載したように，字幕や吹替え等のローカライズされた素材の権利については，ライセンシーが費用を負担して制作したものであることを理由に，ライセンシーが権利を主張してくることが多いのではないかと思います。ただ，許諾番組に基づき制作されたローカライズ版であり，ライセンシーが当該許諾番組に関連して何らかの権利を取得する必要もないと思われますので，ライセンサーに権利帰属させるべきではないかと思います。もちろん契約交渉において大きく揉め，合意に至らない場合もあります。どうしても合意に至ることができないような場合には，権利についてはライセンシーに帰属することを認めつつも，ライセンシーが当該

186　第4章　番組販売契約書の実務

権利を行使してビジネスを行わないよう，権利行使にあたってライセンサーの
事前の承諾を条件とする等して，無断で利用されてしまうことがないようコン
トロールしておくことが必要です。

4-2-16 Piracy（海賊版対策）

In case Licensee become aware of any unauthorized use（including
suspected unauthorized exploitation）of the Licensed Program（s），Licensee
shall notify Licensor of such immediately and follow Licensor's instruction
necessary to protect the Licensed Program（s）and avoid the Licensed
Program（s）pirated, provided that Licensor shall not be obligated to take
any action against such piracy.
ライセンシーが，許諾番組が不正に利用をされている事実（疑われる場合を
含む）を知ったときは，ライセンサーに対して，直ちにその旨を通知し，ラ
イセンサーの指示に従うものとする。但し，ライセンサーはかかる侵害行為
に対して何らかの行動をとることを義務付けられるものではなく，ライセン
シーは，ライセンサーが書面により事前に承諾した場合を除き，ライセン
サーの代理人又は代表者として行動してはならない。

　ライセンシーが第三者による許諾番組の不正利用を認識した場合に，ライセ
ンサーに対して通知し，ライセンサーの海賊版対策に協力することを定めた規
定です。
　ライセンシーは，許諾地域において許諾番組を放送または配信する場合に，
第三者が不正に許諾番組を利用している場合には，想定しているビジネスを実
現することができないことになります。そのため，ライセンシーがライセン
サーに対して，第三者による許諾番組の不正利用行為により損害を被っている
または許諾権利を十分に行使することができていない等と主張して，ライセン
サーが当該第三者の不正利用を排除するべく何らかの措置をとるよう求めてく

ることになります。かかるライセンシーの要求に常に応じることがライセンサーの義務となってしまっては，どれだけ費用やリソースがあっても対応することができない状態となってしまいます。そのため，この条項案では，第三者による不正利用行為に対する措置を採るのか採らないのか，採る場合にはどのような内容の措置とするのかはすべてライセンサーの判断であり，当該措置をとる義務をライセンサーが負担しない旨を定めています。

4-2-17 | Content Protection（コンテンツ保護）

Licensee shall employ the security, digital rights management technology and content protection system which shall be at highest standard in the industry, to prevent unauthorized retransmission and/or copying or duplication of any Licensed Program(s), and IP address geo-filtering to restrict access to the Licensed Program(s) from the territories outside the Licensed Territory.

ライセンシーは，許諾番組の盗難，侵害，不正配信・複製等を避けるために，業界における最高水準のセキュリティ，DRMシステム，およびコンテンツ保護手段，ならびに許諾番組の利用が許諾されていない地域から許諾番組へのアクセスを制限するためのIPアドレスジオフィルタリングを導入するものとする。

　ライセンシーに対してコンテンツを保護するための措置を採ることを義務づける規定です。

　コンテンツ保護のために，セキュリティ，DRM，およびジオフィルタリングを導入することを求めていますが，暗号化，DRM，ジオフィルタリングには日々進化する技術が利用されています。日本の放送または配信業界で採用されているコンテンツ保護技術の品質とは異なる品質のものがライセンシーにおいて使用されている場合もあり得ますので，どのような品質のコンテンツ保護

手段を導入するのか，明確に定めておくことが有益です。セキュリティレベル等を定めることができないのであれば，例えば，それらについてライセンサーの事前の承認を得ることを条件として定めておいてもよいと思います。

コンテンツが想定していない形で利用されてしまい，ビジネスチャンスを失ってしまうリスクを抱えるライセンサーとしては，高額の予算をかけて制作したコンテンツを保護する（ライセンシーに保護させる）ことがビジネスチャンスを守ることにつながり，そして，投下した資本を回収することへとつながります。また，ライセンサーが第三者からライセンスを受けてサブライセンスする事例では，サブライセンシーに対して，高いレベルのコンテンツ保護手段を導入させておくことが，権利者である第三者からクレームを受けるリスクをミニマイズすることにつながります（サブライセンスの場合，サブライセンシーの行為の結果についてすべての責任をサブライセンサーが負担することになっていることが通常ですので，サブライセンシーには，サブライセンサーが負担する義務以上の義務を課しておくことが自社の利益保護の観点からは有益です）。

なお，ライセンシーが，ハリウッドのメジャースタジオからライセンスを受けてコンテンツを放送または配信しているかどうかも，十分なレベルのコンテンツ保護手段を導入しているかどうかを見極めるポイントとなるともいわれているようです。ハリウッドのメジャースタジオは非常に厳しいコンテンツ保護手段の導入をライセンシーに義務付け，その監査まで実施することを予定していることから，ライセンシーがメジャースタジオからライセンスを受けている実績があるのであれば，ある程度のコンテンツ保護手段を導入していると理解するのだと思います（もちろん，許諾した番組にそのコンテンツ保護手段が適用されるのかは分からないので，確認が必要です）。そのため，この条項を定める代わりに，ハリウッドのメジャースタジオが求める品質と同程度のコンテンツ保護手段を導入することを義務付けている例もあるようです。

4-2-18 | Term（契約期間）

This Agreement is effective from MM/DD/YYYY, regardless of the Execution Date and until the last date of the License Period.
本契約は，本契約の締結日にかかわらず，年/月/日から許諾期間の最終日までの間，有効とする。

（1）　契約期間

　番組販売契約の契約期間に関する規定です。番組販売契約の契約締結日にかかわらず，ある特定の日から開始し，許諾期間（Licensed Period）が満了する日までとしています。

　多くの番組販売契約では，契約期間と番組の放送や配信ができる許諾期間が同じタイミングで開始し，同じタイミングで終了するように規定されていますが，本来は，契約締結後の許諾期間が開始する前の期間に，ライセンス料の支払いや素材の送付・検収が行われ，その後に，ライセンシーが実際に許諾権利を行使して放送または配信することができる期間（許諾期間）が始まります。また，許諾期間が終了した後には，素材の回収や（場合によっては）監査が行われることになります。そのため，上記のすべてがカバーできるように契約期間を定めることが本来的には必要となります（仮に，契約期間と許諾期間が同じであれば，素材が納品されるまでは番組の放送・配信を行うことができず，その結果，番組を利用することができる期間が短くなってしまうためです）。上記の条項案では，契約期間の満了を許諾期間の満了と合わせていますが，例えば，素材の回収のために，許諾期間が満了した日から1か月が経過する日をもって契約期間が満了するとしてもよいように思います。また，許諾期間に応じたライセンス料が設定されていることを考えると，ライセンス料が前提とする許諾期間となるように，契約期間や許諾期間を定めることも必要です。

（2） 契約期間の更新

　契約期間に含まれる許諾期間に対応してライセンス料が設定されていますので，契約期間を更新または延長する場合には，ライセンサーとライセンシーとの間で別途合意することを想定しています。もちろん，自動更新とすることもできますが，その場合には，ライセンス料や許諾期間等の条件がどうなるのかを定めておくことが必要です。たとえば，同じ許諾期間だけ更新した場合には，追加で同額のライセンス料が支払いになるのであれば，その支払義務と支払日を定めなければなりません。そのような規定がなければ，再度ライセンス料の支払いが必要となるのかどうか分からなくなってしまうためです。

　また，契約期間の終了後にも存続させる必要がある条項がありますので，そうした条項は存続条項として定めるようにしてください。具体的には，定義条項，ライセンシーの責任や義務に関する条項（字幕や吹替えに対するライセンサーのアクセス権や補償義務，記録の作成・保存，未払いのライセンス料や遅延損害金の支払義務，権利帰属，秘密保持），その他ライセンサーの権利に関する条項（監査）や紛争解決に関する条項（準拠法や管轄）を存続条項として定めるべきかと思います。

　契約が終了した場合，その条項の性質上，存続すべき条項については，契約終了後も依然として有効で適用されると解釈する余地もありますが，それも解釈の問題となりますので，疑義を残さないためには，このような存続条項を定めておくことが必要です。なお，どのような条項を残すべきかについては，1つ1つの条項を検討して判断することが必要です。

4-2 各条項の解説と例文　　191

4-2-19　Termination（契約解除）

（1）　Either party may terminate this Agreement by giving written notice to the other party if:

いずれの当事者も，以下の事由が発生した場合には，相手方に対して有する他の権利に加えて，相手方に対して書面で通知することによって本契約を解除することができる。

　　a．the other party defaults in the performance of any of its obligations（including the representations and warranties）hereunder and such default is not cured within ten（10）days after written notice thereof to the other party;

相手方が本契約上の義務（表明および保証を含む）に違反し，相手方に対する書面通知後10日以内に，かかる違反が治癒されなかったとき

　　b．the other party becomes insolvent, or a petition under any bankruptcy act is filed by or against the other party（and the petition filed against the other party has not have been dismissed within thirty（30）days thereafter）, or the other party takes advantage of any insolvency act or any other similar acts;

相手方が破産したとき，何らかの破産に関連する法律に基づく申立てを相手方が自ら行い，若しくはかかる申立てが相手方に対してなされたとき（相手方に対して申立てがなされたときは，それが30日以内に却下されないとき），又は相手方が何らかの破産関連法又は類似の法律を利用したとき

　　c．the other party transfers or sells all or substantially all the business of such party to which this Agreement related whether by merger, sale of stock, sale of assets or otherwise, and whether voluntary or involuntary, and by operation of law or otherwise;

相手方が本契約に関する事業の全て又は実質的に全ての事業を，合併，株式譲渡，事業譲渡その他の方法により，任意若しくは強

192 第4章 番組販売契約書の実務

　　　　　　制的かを問わず，又は法律若しくはその他の適用によるかどうか
　　　　　　を問わず，承継又は譲渡したとき
　　　ｄ．the ownership of or control over fifty per cent（50%）of the
　　　　　voting stock of the Licensee is acquired directly or indirectly by
　　　　　any third party.
　　　　　ライセンシーの発行する議決権付株式の過半数が第三者によって
　　　　　直接的又は間接的に取得されたとき
（2）　Immediately upon termination or expiration of this Agreement or
　　　the License Period regardless of its cause, all Licensed Right(s)
　　　granted to Licensee（including its sublicensees）under this
　　　Agreement shall cease forthwith and revert to Licensor.
　　　本契約が終了又は解除された時点において（その終了原因の如何を問
　　　わない。），本契約に基づきライセンシー（そのサブライセンシーを含
　　　む。）に許諾された全てのライセンス及び権利は，直ちに，中止されて，
　　　ライセンサーに戻されるものとする。

　締結した番組販売契約を一定の事由が生じた場合に解除することができる場
合を定めた規定です。

（1）　契約解除事由

　1項では，相手方が番組販売契約に定める義務（表明保証違反を含む）に違
反した場合だけではなく，相手方に番組販売契約を締結した時点では想定して
いなかった事由が生じた場合を番組販売契約の解除事由として定めています。
　また，番組販売契約は，素材を納品して預けたり，ライセンサーの競合相手
に対してはライセンスすることが通常は想定されていない契約であってライセ
ンシーとの特別な信頼関係に基づいて締結される契約ですので，相手方につい
て，合併や事業譲渡等が生じて番組販売契約が第三者に対して譲渡され，番組
販売契約を締結した時点とは異なる事業者との間での契約となってしまった場
合も契約解除事由に加えています。ほかには，相手方の株主が大きく変更し，
相手方の経営実態に変更が生じたような場合も，合併や事業譲渡等が起きたと

きと同様の状態となりますので，契約解除事由として定めています。

　番組販売契約の解除は，相手方について契約違反が生じている場合における交渉のなかで，もっとも交渉のレバレッジを利かすことができる根拠条項ですので，ライセンサーの立場からは，契約解除事由は，ライセンサー自身の行動に制約を与えない範囲で（ライセンサーに契約違反がある場合にはライセンシーが番組販売契約を解除することができてしまうため），広めに定めておくことがよいのではないかと思います。

　なお，逆に，一定の事由が契約違反に該当しないことを定めている例があります。例えば，「4-2-2｜Grant of License（許諾権利），（4）許諾テリトリー」で記載したように，衛星放送の場合に生じるスピルオーバー（ライセンシーが許諾地域で許諾番組を衛星放送する場合に，その衛星放送信号が許諾地域の隣国でも受信できること）がライセンシーの義務違反に該当しないことや，ライセンサーがライセンシーの許諾地域の隣国でデジタル配信する場合に，その信号が許諾地域で受信できてしまう現象が，許諾地域でライセンシーに独占権を許諾したライセンサーの義務違反に該当しないことそして，それらが契約解除事由に該当しないことを定めている例があります。

　なかには，一定の事由が生じた場合に番組販売契約が「当然に」終了することを定めているケースも見受けられます。この場合，（ライセンサーの通知等を要することなく）契約終了原因として定めた事由が発生したときに自動的に番組販売契約が終了してしまいますので，そのような取扱いでよいのか（相手方に契約違反の状態が生じているものの，番組販売契約を終了させないことがメリットとなることはないのか）を検討しておくことが必要です。

（2）　契約解除の効果

　2項では，番組販売契約が終了または解除された時点において，本契約に基づきライセンシー（そのサブライセンシーを含む）に許諾されたすべてのライセンスが中止され，ライセンスされた権利が直ちにライセンサーに対して戻されることを規定しています。

194 第4章 番組販売契約書の実務

　番組販売契約が終了または解除された場合には，当然，ライセンシーは，番組を放送または配信する権利を失います。しかし，その番組の素材が，ライセンシーの手元にある限り，ライセンサーに無断で使用されてしまうリスクが残ってしまいますので，「4-2-3｜Delivery of Materials（素材の納品/返却），（3）素材の返却」で記載しているように，素材を返却するライセンシーの義務は必ず定めることが必要となります。なお，繰り返しとなりますが，素材が実際に破棄されたのか，破棄されていないのかで揉めてしまうこと多くありますので，ライセンシーの（一担当者ではなく）権限ある責任者がサインした廃棄証明書を提出させることも一案です。仮に，廃棄証明書で破棄した旨が表明保証されているにもかかわらず，後日素材が破棄されていなかったことが判明した場合には，ライセンシーの義務違反に基づく損害賠償を求めることができる場合もあります。

　また，ライセンシーが許諾された権利を再許諾しているサブライセンシーがいる場合，そのサブライセンス契約も同時に終了することを定めておくことがよいように思います。事例としては，番組販売契約の終了または解除と同時に，そのサブライセンス契約がライセンサーに対して移転することを定める例もあります（この場合には，サブライセンス契約のなかに，ライセンサーとライセンシーの番組販売契約が終了または解除された場合には，ライセンシーとサブライセンシーのサブライセンス契約が新たなサブライセンシーの承諾を条件とすることなく自動的にライセンサーに対して移転する旨を定めておくことが必要となります）。

　なお，サブライセンシーが番組販売契約の終了または解除後も放送または配信を中止しないようであれば，放送または配信を止めるべくサブライセンシーに対してクレームする必要がありますので，サブライセンシーの管理は非常に重要です。サブライセンシーの名称，所在，連絡先等の必要な情報を，サブライセンスを承諾する場合には取得しておくことが必要です。番組販売契約の終了または解除後に，ライセンシーが協力してくれるインセンティブはほぼなくなってしまうためです。詳細については，「4-2-2｜Grant of License（許

諾権利），（7）再許諾」を参照してください。

4-2-20 | Limitation（責任制限）

（1）　To the maximum extent permitted by applicable laws, Licensor's total liability under this Agreement shall be limited to an amount equal to the License Fee actually received by Licensor.

適用される法律によって最大限認められる範囲で，本契約に基づき又は本契約に関連するライセンサーの全責任は，ライセンサーがライセンシーから実際に受領したライセンス料の総額に限定される。

（2）　Licensor shall not be liable to Licensee for any loss of goodwill, loss of opportunity, loss of profit, or indirect, special, or consequential damage or loss, whether the liability is based on breach of contract or tort, and even if Licensor has been advised of the possibility of such loss or damage.

ライセンサーは，信用，データ，事業機会若しくは利益の損失，又は間接的，特別の，懲罰的な，若しくは結果的な損害若しくは損失について，それが契約違反又は不法行為（過失を含む。）のいずれに基づくものであっても，また，ライセンサーがその損害又は損失の可能性を知らされていたとしても，一切責任を負わない。

　ライセンサーがライセンシーに対して補償しなければならない場合における責任の上限および範囲に関する規定です。

（1） ライセンサーの責任の制限

　1項では，ライセンサーの責任の上限について，ライセンサーがライセンシーから実際に受領したライセンス料相当額（ライセンス料の一部の支払いがなされていない場合には，その未払分を控除したライセンス料相当額が責任の上限となります）であることを定めています。そして2項では，責任範囲が直接の損害に限定され，間接損害や逸失利益等がライセンサーの損害賠償の対象に含まれないことを定めています。

　番組販売契約におけるライセンサーの義務は，基本的には，ライセンスすることと素材を提供することですので，ライセンシーがライセンサーに対して支払うライセンス料相当額をライセンサーの損害賠償責任の上限としたとしても，ライセンシーに対して不当な負担を課すものではないと思われるので，ライセンサーの利益保護の観点から，このような契約交渉をされてもよいと思います。なお，損害賠償責任の上限は，ライセンシーがライセンサーに対して「実際に」支払ったライセンス料の金額を上限としています。ライセンシーがライセンサーに対して支払ったライセンス料を返還することで損害の賠償ができるという考え方に基づけば，実際に支払ったライセンス料を上限とすることで足りるように思われるためです。

　なお，ライセンシーが，ライセンスの対象となる番組について，たとえば第三者の権利を侵害していないことなどを表明保証の対象に加え，その違反があった場合の損害賠償責任をライセンサーに対して請求することができるような条項を定めることを要求してくることもあります。しかし，第三者の権利侵害がないことについて表明保証することは非常に負担が重いために行うべきではありませんが，その代わりに，第三者の権利を侵害する，または侵害する可能性があるというクレームがあった場合に，ライセンサーが責任をもって解決することをライセンサーの義務にしておくことで，ライセンシーの利益保護を実現することができます。そのため，このような表明保証違反に基づく損害の賠償は補償責任の対象から除外する交渉をすることが有益だと思います。

（2） ライセンシーの責任制限

　ライセンサーの番組販売契約に定める義務の違反によって被るライセンシーの損害に比べ，ライセンシーの番組販売契約に定める義務の違反によってライセンサーが被る損害は，非常に大きいといえます。たとえば，ライセンシーが番組販売契約において義務付けられている必要なセキュリティや権利保護手段を導入しなかったことによって，ライセンス対象である番組の素材が漏えいし，まだ公開されていない国の第三者に対して当該素材が渡って放送されてしまったり，それが無断でコピーされてさらに販売されたりした場合には，ライセンサーは，回復困難な損害を被ることになります。そのため，ライセンシーから求められた場合であっても，ライセンシーの責任に上限を定めたり，責任範囲を制限したりすることを回避する交渉を行うようにしてください。

　もちろん事案に即して検討することが必要となりますが，どうしても契約当事者間で対等な条項とすることが必要となった場合には，ライセンサーがライセンシーの義務違反によって被る損害が大きい事案であれば，責任制限に関する条項を設けずに，ライセンサーに対して発生した損害が十分に補償されるようにしておくことがよいのではないかと思います。

（3） 保　険

　上記のとおり，ライセンシーが番組販売契約に定めるライセンシーの義務に違反した場合にライセンサーが被る損害は回復困難な損害であり，大きな影響を与えることになります。その場合にライセンシーの資力が十分でない場合には，たとえ損害賠償の条項が定められていたとしても，実際に損害賠償されず，ライセンサーが被った損害が回復されない場合があります。そのため，ライセンシーには，ライセンシーが損害賠償責任を負担して損害賠償した場合には，その損害賠償額を保険金で賄うことができる信頼できる保険会社の保険に加入させておくことが一案です（実際に支払われることになる保険金が一定の額以上であることを条件として定める例もあります）。

198　第４章　番組販売契約書の実務

　なお，そのような保険に加入することをライセンシーの義務とした場合には，その保険に関する保険証書をライセンサーに対して番組販売契約の締結後すぐに開示させることについても，ライセンシーの義務として定めておくことが必要です。ライセンシーが義務に違反して保険に加入していないことによって損害賠償されないリスクはライセンサーが抱えることになりますので，やはりそこまでしてでもライセンシーが保険に加入する義務に違反しないよう担保するべきと思います。

4-2-21 Confidentiality Obligation（秘密保持義務）

（1） Either party who receives Confidential Information (the "Receiving Party") including existence of this Agreement and terms and conditions specified in this Agreement, from the other party (the "Disclosing Party") shall (a) maintain Confidential Information in confidence, (b) not disclose such Confidential Information to any third party without a prior written consent of the Disclosing Party, and (c) not use such Confidential Information for any purpose except those permitted by this Agreement.

相手方（以下「開示当事者」という。）の秘密情報（以下に定義する。）を受領する当事者（以下「受領当事者」という。）は，(a) 当該秘密情報を秘密として保持し，(b) 開示当事者の事前の書面による同意を得ることなく，当該秘密情報を第三者に対して開示せず，(c) 本契約において許容される場合を除き，いかなる目的のためにも秘密情報を使用しない。

（2） The confidential obligation hereunder shall not apply to information that: (i) is generally known or available to the public through no act or failure to act on the part of the Receiving Party; (ii) was already known to the Receiving Party as of disclosure; (iii) is subsequently disclosed to the Receiving Party by a third party lawfully in possession thereof without obligation to keep it confidential; or (iv) has been independently developed by the Receiving Party without reference to the Confidential Information.

受領当事者は，秘密情報の以下の部分については，本条に基づく非開示又は不使用の義務を一切負わない。(i)受領当事者側の行為によることなく公知となり，又は公衆に提供された情報，(ii)開示当事者から受領する前から，いかなる秘密保持義務も負うことなく，受領当事者に知られていることが書面により立証される情報，(iii)秘密保持義務を負うことなく，適法に保有する第三者から受領当事者に対して後から開示された情報，又は(iv)受領当事者が秘密情報に依拠したり，これを適用したり，若しくは利用したりすることなく，又は本条の違反行為がなく，独自に開発した情報であることが受領当事者の書面によって立証される情報。

（3） The confidentiality obligation hereunder shall not apply to any Confidential Information that is required by law to be disclosed, but then only to the extent of such legally required disclosure; provided that (a) the Disclosing Party shall be notified reasonably in advance of such disclosure by the Receiving Party and (b) the Receiving Party shall cooperate as reasonably requested with the Disclosing Party in attempting to obtain confidential or other protective treatment of such Confidential Information.

受領当事者は，法律によって開示することが求められる秘密情報のいかなる部分についても，本条の秘密保持義務を負わない（法的に要求される開示のために最低限必要な範囲に限る。）。但し，(a) 受領当事者は，かかる開示について，開示当事者に対し相当に事前の通知をするものとし，かつ (b) 受領当事者は，開示当事者に対し，秘密情報の秘密保持命令を得るために開示当事者から合理的に要求された協力を行う。

ライセンサーおよびライセンシーの守秘義務に関する規定です。

（1）　守秘義務

契約相手方から開示された秘密情報を秘密として保持し，第三者に対して開示または漏えいしてはならないこと，そして，番組販売契約に定める権利を行使し，義務を履行するために必要な範囲でのみ使用することを定めています。特に，ライセンサーの立場からは，秘密保持の対象となる秘密情報の定義を広く定めておくべきで，特に番組販売契約の存在およびその内容（特に，ライセンス料）についても秘密情報の定義に含まれる旨を定めておくことが有益です。ライセンス料を含む番組販売契約の契約条件の情報が流出したりしてしまっては，たとえば，そのライセンシーが所在する国の他の第三者に対してライセンスしようとして契約交渉する際に，ライセンサーに不利に働く場合が考えられます。特に，ライセンス料のような経済条件については，それがライセンシー候補に漏えいしてしまっていることで，有利な契約交渉が行えないことがあります。もっとも，番組販売に関する契約交渉に入る一番初めのタイミングで，守秘義務契約を締結しておくことが一番望ましいと思います。

なお，ライセンサーがライセンシーから，ライセンス対象の番組の視聴状況，視聴率，インターネット配信での視聴者数や視聴回数などの情報を取得する場合，これらの情報が秘密情報に該当すると，この条項による制約を受けることになります。これらの情報が秘密情報の定義に該当しないことを確認しておくことも一案ですが，これらの情報の利用が秘密情報の利用目的に含まれるようにしておくことがよいように思います。

（2）　政府等への秘密情報の開示

ライセンシーの所在する国の政府や裁判所の命令により，開示した秘密情報を政府機関や裁判所に開示することが求められる場合があります。開示を求められた秘密情報を不必要に広範囲に開示してしまうことで，政府機関がライセンサーに対してあらぬ嫌疑をもたれてしまうこともありますので，政府機関に開示する情報を最小限にすることを定めるとともに，その情報が公に開示され

ることがないように秘密保持命令等を申し立てることができるよう，ライセンサーへの事前の通知を義務付けることも有益です。

4-2-22 | Modification（修正）

This Agreement may not be changed, modified or amended except by a written instrument signed by appropriate representatives of both parties. If any provision or portion of this Agreement is deemed to be invalid, then such provision or portion shall be amended by mutual agreement of the parties to achieve the commercial purpose thereof.

本契約は，両当事者の適切な代表者が署名した文書による場合を除き，変更，修正又は改変することはできない。本契約のいずれかの規定又は部分が無効である場合又は無効になった場合，その商業上の目的を達成するために，当事者双方の合意によって当該規定又は部分を変更するものとする。

契約書の修正等に関する規定です。

（1） 契約書の修正

　番組販売契約を修正したり，変更したりする場合は，両当事者の代表者が署名する文書によって行うことを定めています。ある程度の期間に渡って運用される番組販売契約の場合には，その時々において契約内容の変更を行うことが必要となる場合があります。その場合に，担当者間のemailでの合意を基に契約が変更されたとする例がありますが，お勧めすることはできません。これは，それが会社として番組販売契約を修正する合意であるのかが不明確であり，後日，権限を有さない担当者の一存で行われた等と争われるリスクがあるためです。

　また，ライセンシーの担当者から，ライセンサーの担当者が修正内容に変更することに合意した等と言われて，番組販売契約の内容の修正が行われたと主

202　第4章　番組販売契約書の実務

張されて困ることがないよう，契約書を修正する方法を予め合意しておくこと
が将来の紛争回避の観点から望ましいものと思います。

（2）　契約条項の一部無効

適用される準拠法やライセンシーが所在する国の法律の中には，準拠法の如
何に関わらず強行的に適用される法律があります。そのような法律が適用され
ることで，番組販売契約の一部が無効とされる場合もあります。この場合にラ
イセンシーに有利に契約条項が解釈されてしまうことがないよう，契約当事者
双方の協議によって解決する旨を定めています。また，契約条項の一部が無効
とされた場合には，その他の条項には何等の影響を与えるものではないことや，
無効とされる条項が有効と取り扱われる範囲でのみ効力を有することを定める
例もあります。

4-2-23 ｜ Currency（通貨）

> All amounts expressed in this Agreement are denominated in United
> States Dollars unless otherwise specified.
> 本契約において明示される全ての金額は，別途定められる場合を除き，US
> ドル建てとする。

番組販売契約に基づき支払いが発生する場合に使用される通貨に関する規定
です。この規定がなく，ライセンス料の規定でも支払通貨が記載されていない
場合には，ライセンシーは，ライセンス料を，USドルや日本円，その他の通
貨のなかで，最もライセンシーにとって都合のよい通貨を利用して支払うこと
が可能となります。その結果，支払われた通貨の為替リスクを，支払いを受け
るライセンサーが負担する形となってしまいます。そのため，当事者間の予測
可能性を高めるために，支払いを行う場合の通貨をどの国の通貨とするのかを

定めておくことが必要となります。

　やはり為替リスクを負いたくはありませんので，日本国内のライセンサーの立場からは日本円にしておくことが望ましいと思います。仮に，USドルで支払いを受けることに合意せざるを得ない場合には，特に為替の変動が大きい昨今では，為替リスクをミニマイズすることが必要です。その方策としては，外貨建ての口座で支払いを受領し，為替がライセンサーにとって有利なタイミングで日本円に換金することや，為替リスクを担保する保険に加入しておくことが考えられます。

　ご理解のとおりですが，信頼性の低い通貨でライセンス料の支払いを受領することは，それが取引を維持するため必要と思われる場合であっても，為替リスクは回避できない程度に大きいことからやはり避けておくことが必要です。

　また，ライセンシーが所在する国の政府の方針により，突然，一定の通貨による海外送金が禁止される場合もあるようですので，その場合に，どの通貨で支払いを行うのか，支払いを猶予するのか等のプランＢを定めておくことも有益です。

4-2-24 ┃ Notice（通知）

All notices required to be given under this Agreement shall be sent to the address of the other party set out in this Agreement or such other address as the other party may notify from time to time. Any notice given may be delivered personally, by post or by electronic means and shall be deemed to have been served when delivered personally, or if sent by post, three （3）days after posting, or if sent by electronic means, when transmitted with confirmation of dispatch.
本契約によって提供することが必要な全ての通知は，本契約に定められる相手方の住所又は相手方が適宜通知する住所宛になされる。いかなる通知も，直接手渡し，郵送，電子的手段によって送付されるものとし，直接手渡した

場合はそのときに，郵送の場合は投函後3日経ったときに，電子的手段によって送付された場合は送信確認とともに送信されたときにそれぞれ送達されたものとみなす。

　番組販売契約において相手方の当事者に対して通知することが必要となる場合に，その通知の方法を定めた規定です。

　たとえば，ライセンシーが番組販売契約に定められる義務に違反し，ライセンサーが，それを理由として番組販売契約を解除する場合，その解除通知は，どのような方法で，誰に送付すると法律上または契約上有効な解除通知となるのか，何も契約に規定されていない場合には，解釈に委ねるしかありません。日本国内の契約では，内容証明郵便で解除通知を送付した場合には，それが有効な通知であることに疑義はないように思いますが，海外企業との取引においては，通知の方法や宛先を定めておくことで，その通知の有効性を争われることがなくなります。共通の理解のない海外企業との取引においては，通知の方法1つとっても，それが契約上定められていないことや，受領権限のある担当者が通知を受領していないことなどを理由に解除の有効性を争ってくる場合があり，注意が必要です。

　実際に，解除通知の有効性が争われる可能性があった案件では，トラッキングができる書面による通知と電子メールによる通知を相手方の担当者や代表者の連絡先に対して行い，通知の有効性が争われるリスクを最小化した上で通知を送付しました。

　また，海外に対して通知を行う場合には，そのトラッキングができない場合も想定されるため，通知を送付した当事者側の情報（通知の発送の日付）を基準に通知が送達されたとみなされるタイミングも定めています。これも，通知が送達されていないことを争われるリスクを最小限にする方法です。

4-2 各条項の解説と例文　　205

4-2-25 ┃ Assignment（譲渡）

Licensee may not assign or transfer this Agreement in whole or in part, whether voluntarily or involuntarily, without obtaining Licensor's prior written approval.
ライセンシーは，任意か非任意かを問わず，ライセンサーの事前の書面による承諾を得ずに本契約の全部又は一部を譲渡したり，又は承継させたりすることはできない。

　ライセンシーが番組販売契約上の地位や，番組販売契約に基づく権利義務を第三者に譲渡等する場合に，ライセンサーの事前の書面による同意を取得することを定めた条項です。

（1）　譲渡等の禁止

　契約当事者が突然変更されてしまうことは，その当事者に対する信頼や財務状況等の契約を締結する前提が大きく変わることになります。特に番組販売契約では，素材を預け，ライセンサーの番組を放送または配信し，ライセンス料を支払うライセンシーが別の第三者に変更されてしまうことで，それらが適切に履行されないリスクをライセンサーが負担することになります。

　そのため，ライセンシーが番組販売契約上の地位や，番組販売契約に基づく権利義務を第三者に譲渡等する場合には，ライセンサーの事前の承諾を条件として定め，突然，ライセンシーが変更されたり，ライセンシーが保有する権利義務が第三者に対して譲渡等されたりすることがないようにしておくことが必要となります。

（2）　グループ会社への譲渡等

　番組販売契約上の地位や番組販売契約に基づく権利義務を第三者に譲渡することは，適用される準拠法にもよりますが，基本的には，相手方の承諾が必要

となります。そのため，譲渡を禁止する規定がなかったとしても，相手方の承諾を得ていない場合には譲渡等することができません。そのため，たとえば，グループ会社に譲渡することができる状態にするためには，相手方の承諾なく譲渡できることを定めておくことが必要です。

（3） 譲渡等した当事者の責任

　契約上の地位や契約に基づく権利義務を第三者に対して譲渡等した場合の譲渡等をした当事者の責任として，譲渡先の義務の履行について，譲渡等した当事者が連帯保証したり，義務が履行されない場合の損害賠償責任が定めたりする場合があります。譲渡等することで契約関係から離脱することになりますが，譲渡等によって信頼関係のない当事者や与信状況がしっかりしていない当事者に対して譲渡されてしまう場合のリスクを回避する観点からは，このような保証や補償の責任を定めておくことも有益であると思われます。

4-2-26 Compliance（法令遵守）

Licensee shall comply with all laws applicable to it or its activities, including exploiting the Licensed Program(s), and obtain and maintain all licenses, permits, approvals and other authorizations necessary for Licensee to conduct its businesses including exploiting the Lisenced Program(s) in the Licensed Territory.

ライセンシーは，自ら及びその活動（許諾された権利の利用を含む）に適用される全ての法律を遵守する。ライセンシーは，許諾テリトリーにおける事業運営及び本契約に基づく許諾権利の行使に必要な全ての許認可，承諾等を得て，これを維持する。

ライセンシーに対してコンプライアンスを実践することを求めた条項です。

（1） コンプライアンス

ライセンシーがコンプライアンスを実践することは，ライセンサーにとって重要なだけでなく，ライセンサーが番組販売を行うことの前提条件であると思います。違法な行為（現地で必要な事業免許を取得していない，違法かつ劣悪な労働環境のなかで業務が行われている等）を行っているライセンシーと取引関係に入ることは，ライセンサーが，違法な行為によって得た利益の分配を受けることになるために，ライセンサーに社会的な責任を発生させる場合がありますし，ライセンスに基づき放送や配信される番組やライセンサーのブランドを毀損させてしまう可能性があります。

特にビジネスと人権が問われている昨今，本来であれば，番組販売契約を締結する前にコンプライアンスが実践できていることの確認をしてから取引関係に入ることを検討すべきように思います。しかし，そのような確認をできないことが通常かと思いますので，何かあった場合には，それが契約違反を構成し，番組販売契約を解除して，取引関係から離脱することができる建付けとしてお

208　第4章　番組販売契約書の実務

くことが有益です。

（2）　賄賂等の不正行為の禁止

　日本の不正競争防止法18条では，外国公務員（外国の政府または地方公共団体の公務に従事する者等）に対して賄賂等の不正の利益を供与して，その職務に関する行為をさせたり，させなかったりすることが禁止されています。

　ライセンシーがライセンサーとの間で番組販売契約を締結し，ライセンシーがライセンサーのエージェントとしてライセンサーの番組を現地で販売する場合に，現地における営業活動のなかで，ライセンシーが現地の公務員に賄賂を提供してビジネスを成功させた場合には，ライセンサーに不正競争防止法18条の違反が問われるリスクが少なからず存在します。

　賄賂等の不正の利益を供与しなければビジネスを行うことができない国がまだ存在することを考えると，ライセンサーは，レピュテーションのリスクだけではなく，自らが法的な責任を負ってしまうリスクを考慮しながら，取引に入ること，そして，万が一の場合には取引を中止することができることが必要です。本条では，コンプライアンスの実践をシンプルに規定しているだけですが，コンプライアンスの内容を具体的に定めたり（たとえば，賄賂等の不正な利益の提供を行わないこと，人権保護等），ライセンサーが定める行動規範の遵守を求めたりすることも一案であると考えます。

4-2-27 Waiver（放棄）

> Any failure of either party to enforce at any time or for any period any of the provisions of this Agreement shall not be construed as a waiver of that provision or the right of the party thereafter to enforce that provision.
> 当事者が本契約の規定を，ある時又はある期間，執行しなかったとしても，その規定自体，又は当事者がその後その規定を執行する権利を放棄したものとは解釈されない。

　契約当事者が契約上行使することができる権利の行使を行わなかった場合であっても，その契約当事者が，その権利を放棄したものとは解釈されないことを定めた条項です。

　日本語の契約書にはあまり見ることがない条項ですが，言語や文化の異なる契約当事者が締結する英文の契約では，権利を行使しないことが何を意味するのかを明確にするために通常定められている条項です。たとえば，権利行使するための条件が整っていないことから，ある時点では権利を行使しなかったとしても，今後一切その権利を行使しないものと解釈される場合もあるかもしれませんので，それが権利を放棄されたと解釈されてしまうことを避けることが必要です。

　また，ライセンシーの立場では，ライセンサーが損害賠償請求することができるのにもかかわらず，一定の期間損害賠償請求しなかったことを理由に，権利が放棄されたと主張して，損害賠償義務を負担していないことを争うことがあるように思います。海外のライセンシーに対して損害賠償請求するために準備に時間を要する場合もありますし，放棄はしていないけれども，義務違反がもう一度発生した場合には，最初の損害についても請求する計画であったかもしれません。日本国内の取引であれば，放棄されたと考えることがおかしい場面でも，海外取引の場合には異なる解釈もあり得ます。そのため，このような条項を定めておくことで，論点を1つ減らすことができることになり，ライセ

210 第4章 番組販売契約書の実務

ンサーの権利保護のために役立つことになります。

4-2-28 Relationship（当事者間の関係）

> Nothing herein contained shall be construed to mean establishing partnership, joint venture, agency, fiduciary or employment.
> 本契約のいずれの規定も，当事者間において，パートナーシップ，共同事業，エージェント，信託，雇用の関係を構築するものではない。

　ライセンサーとライセンシーの契約関係が，独立した契約当事者としての関係であり，組合，ジョイントベンチャー，エージェント等の契約関係を組成しないことを明らかにする条項です。

　これも日本語の契約では，あまり規定されることのない条項ですが，英文契約では，一般条項のなかでよく定められている条項です。

　番組販売契約の準拠法を日本法にすることができるのであればリスクは小さいかもしれませんが，ライセンシーの国の法律が準拠法とされた場合には，それが適用されることによってどのような結果が生じるのか分かりませんし，また，準拠法にかかわらず強行的に適用される法律がある場合に，ライセンスの関係が組合等の関係に解釈されてしまい，ライセンシーの行為の結果をライセンサーが責任を負わなければならないリスクも考えられます。そのため，このような条項を定めておくことで，契約を締結しようとする当事者の意思を明確にすること（上記の例であれば，組合を組成するものではないこと）で，自らのリスクを軽減することができることになります。

4-2-29 | Force Majeure（不可抗力）

> No liability shall arise in respect of any failure on the part of either party to perform its obligations under this Agreement to the extent that such failure is caused by due to act of God, acts or orders of governmental authorities, fire, flood, typhoon, tidal wave, or earthquake, epidemic, diseases, war, rebellion, riots, strike, or lockout, or for any other cause beyond the control of the parties
>
> 本契約に基づく義務を履行しなかったことが，天災，政府機関の行為若しくは命令，火災，洪水，台風，高潮，地震，伝染病，感染症，戦争，反乱，革命，暴動，ストライキ，ロックアウト，その他当事者によってコントロールできる程度を超えた状況によって生じた不履行である限り，かかる義務を履行しなかった当事者にその責任は生じない。

契約上の義務を負う当事者がコントロールすることができない事態が発生した場合（不可抗力）に関する規定です。天災，政府の命令，洪水，地震，伝染病や感染症等，当事者がコントロールできる範囲を超えた事態が生じた場合には，それによって義務の履行がなされなかったとしても，その不履行の責任を負わないことを定めています。

（1）　ライセンサーの不可抗力

番組販売契約におけるライセンサーの義務は限られています。ライセンスする義務のほかには，番組素材を納品することが考えられます。ライセンスする義務自体は，それを履行することができない事態を考えることは難しいですが，地震や水害等によってインターネット回線を利用することができない場合に，番組素材を提供することができなくなることが考えられるかと思います。そのような場合には，本条に基づいて，素材の納品を行うことができなかったとしても責任を負わないことを主張することになります。

212 第4章 番組販売契約書の実務

（2） ライセンシーの不可抗力

　ライセンス料の支払義務，番組の放送や配信義務，マーケティングの義務，素材の管理に関する義務，一定のセキュリティ等を導入する義務，必要なレポートを行う義務等，番組販売契約には，さまざまなライセンシーの義務が定められます。

　不可抗力そのものではないかもしれませんが，ライセンシーがディストリビューターであり，ライセンサーからライセンスを受けた番組をサブライセンシーに対してサブライセンスすることが予定されていたところ，このサブライセンシーとの契約が中止となったことが不可抗力に該当することを理由に，ライセンス料の支払いの免責を主張してきたケースがありました。しかし，ライセンシーのサブライセンシーとの契約は，ディストリビューターであるライセンシーがコントロールすることができる事由ですし，ライセンサーとのライセンス契約上の義務を履行できないわけではありませんので，ライセンシーの主張を受け入れずに，ライセンス料を支払ってもらった事例があります。ライセンシーとしては，サブライセンシーとの契約の存在がライセンサーとの番組販売契約上の義務を利用する前提条件であることを明記しておけばよかったのですが，それをしていなかったために，ライセンス料の支払義務を負いつつ，サブライセンシーから，その回収ができない状況に陥ってしまいました。

　ライセンサーとしては，ライセンシーが不当に不可抗力の範囲を広げることのないように注意して，この条項をレビューすることが必要です。

4-2-30 | Entire Agreement（完全条項）

This Agreement constitutes the entire agreement between the parties, and supersedes any previous agreements, either oral or written, between the parties, relating to the subject matter of this Agreement.
本契約は当事者間の完全な合意を構成し，かかる本契約の主題に関して，当事者間の従前の契約（口頭であるか，書面であるかは問わない。）に優先して適用される。

　いわゆる完全条項といわれる規定です。英文契約書の一般条項のなかに通常定められている条項です。

　ライセンシーとの長く複雑な交渉の結果，得られた合意を実現する観点からとても重要です。締結された番組販売契約が，ライセンサーとライセンシーの合意内容のすべてを表した完全な契約であることを確認し，ライセンサーとライセンシーの番組販売に関する契約関係は，締結された番組販売契約のみによって規律され，番組販売契約が締結される前に確認された諸々の事項を無効とすることを目的としています。

　日本の契約の一般条項には，この手の条項が定められていることは少ないように思いますが，その場合には，契約交渉の過程でライセンサーとライセンシーが確認した事項や，契約締結のために相手方の主張を受け入れるために条件とした事項等が，将来番組販売契約に関して問題が生じたときの解決の一助になる場合があります。

　しかし，英文契約では，言語も文化も異なる契約当事者の合意事項が契約書に定められている事項に限定されることを確認し，その契約書に定める条項の適用と解釈によって当事者の合意を実現しようとすることが合理的と考えられています。また，このようにしておけば，契約当事者の担当者が将来変更された場合でも，同じ解釈に至ることができることになり，安定的・効率的かもしれません。

214　第4章　番組販売契約書の実務

　そして，番組販売契約において完全条項を定めようとする場合には，ライセンシーとの間で交渉して合意した事項がすべて漏れなく，番組販売契約に反映できているか，しっかりと確認することが必要です。事前に合意されていたとしても，番組販売契約に定められていない事項は，その合意が存在せず，合意していないことになります。たとえ，事前に約束していた事項を信頼して番組販売契約を締結したとしても，その事前合意の内容を実現することができないことになってしまいます。

　もし，ライセンシーとの番組販売契約の交渉に十分な時間を割くことができずに，番組販売契約を締結することになったものの，事前に約束した事項をライセンシーとの1つの合意として成立させておくことが必要となった場合には，この完全合意条項を定めずに番組販売契約を締結することも1つの解決方法です。

　番組販売契約の締結の場面では，素材の納品を急ぐ必要があったり，ライセンス料の支払いをすぐに行う必要があったり，また，放送日や配信開始日が迫っていたりすることで，全体の確認をすることなくやむを得ず契約を締結してしまうことがあるかと思います。契約の締結を急がなければならない状態になることは十分に理解できるものの，この完全条項1つをとっても，それによってそれまでの努力を無にしてしまうリスクがありますので，締結前には，全体をレビューして確認することができる時間を確保しておくことが必要です。

4-2 各条項の解説と例文　　215

4-2-31 | Governing Law/Jurisdiction（準拠法/管轄）

> This Agreement shall be governed by and construed in accordance with the laws of Japan, excluding choice-of-law rules thereof. All disputes, controversies or differences arising out of or in connection with this Agreement shall be finally settled by arbitration in accordance with the Commercial Arbitration Rules of The Japan Commercial Arbitration Association. The place of the arbitration shall be Tokyo, Japan.
>
> 本契約の有効性，解釈，執行可能性を含み，本契約は日本法に準拠し，これに従って解釈される。本契約又は本契約に関連して生ずることがある全ての紛争，論争又は意見の相違は，一般社団法人日本商事仲裁協会の商事仲裁規則に従って仲裁により最終的に解決される。仲裁地は日本の東京とする。
>
> （一般社団法人日本商事仲裁協会HP参照）

　準拠法と，番組販売契約に関して生じたライセンサーとライセンシー間の紛争の解決手段について定めた規定です。

（1）　準拠法

　準拠法とは，番組販売契約に定める条項を解釈したり，番組販売契約をライセンサーとライセンシー間の番組販売に適用したりする場合や，番組販売契約に規定されていない事項を解釈する際に基準となる法律を指し，1つの番組販売契約では，1つの準拠法を定めることになります。

　準拠法を定めない場合には，法の適用に関する通則法8条1項の規定により，「当該法律行為の当時において当該法律行為に最も密接な関係がある地の法」が準拠法となります。しかし，日本のライセンサーと海外のライセンシーが，日本で制作された番組を，ライセンシーの国で放送する場合において何が「最も密接な関係がある地」なのかを定めることは難しく，紛争になったときに，どの国の法律を準拠法とするのかという点ついても争点となってしまいますの

で，準拠法を定めておくことが必要となります。

　この点，ライセンシーとの契約交渉がなかなかまとまらずに，落としどころとして準拠法を2つ定める例が見られます。しかし，これでは，いつ，どのような場合に，どちらの法律を準拠法として適用するのかが明らかにはならず，番組販売契約に関連するライセンシーとの取引関係が不安定になってしまいます。

　また，準拠法をどの国の法律にするのかは，ライセンサーとライセンシーの交渉でよく揉めてしまい，合意がなかなか得られないポイントでもあります。ライセンシーを説得することができずに，日本のライセンサーが妥協してしまうケースもよくあるようです。日本のライセンサーとしては，見慣れた日本法を準拠法として定めておくことが，まったく知らない国の法律を準拠法とする場合と比較して，予測可能性（法律が適用されてどのような結果となるか）が高まり，予想しなかった責任が発生してしまうことを回避することができます。しかし，「（2）紛争解決機関」で説明するように，一定の場合には，準拠法をライセンシーの国の法律としてしまった方がスムーズな紛争解決を実現できる場合もありますので，案件に応じて，どのように準拠法の問題を解決することがよいのか専門家と相談しながら検討することが必要です。

（2）　紛争解決機関

　準拠法と同様に，紛争解決機関も，各社の契約書に関するポリシーも影響して，ライセンシーとの交渉で合意が得られにくいポイントです。いずれも，自国の裁判所や仲裁機関を利用して紛争解決をすることにメリットがあると考えているために，自らの立場を主張して譲らないケースがあります。このような場合には，訴えの相手方となる国の紛争解決機関を利用する形で決着させることが多いのではないでしょうか。

　この点，案件によりますが，相手の国の法律を準拠法として，相手の国の裁判所や仲裁機関を紛争解決機関として選択しておくことで，将来発生するかもしれない紛争の効率的な解決につながる場合もあるのではないかと思います。

4-2 各条項の解説と例文　217

日本法を準拠法として，日本の裁判所で判決を得た場合に，その判決を，ライセンサーの国で執行するためには，その国の裁判所による承認（外国判決の承認）という手続きを経る必要があり，そのために，（日本の裁判所での裁判のために日本の弁護士を雇うことに加えて）現地の弁護士を雇うことが必要となりますし，また日本の裁判所の判決を現地で執行できるまでに時間を要してしまうことも考えられます。

　そこで，ライセンシーの国の法律の内容が把握できていて，合理的であり，かつ紛争解決機関も安定している場合（当事者の主張や提出される証拠に基づき客観的な判断がなされる場合）には，ライセンシーの国の法律を準拠法としたり，その国の裁判所や仲裁機関を紛争解決機関としたりすることにライセンサーとしてもメリットがあり，また，長引く交渉を解決する1つの手段になる場合があります。もっとも，案件によりますので，海外取引に精通している法律の専門家に相談して決定されることをお勧めします。

　次に，紛争解決機関を裁判所または仲裁機関のいずれにするのかも，重要なポイントです。ライセンサーとしては，日本の裁判所を紛争解決機関としようとする例が多いのですが，その場合には，必ず，相手の国で，日本の裁判所による判決に基づき執行する（たとえば，ライセンシーの銀行口座を差し押さえる）ことができるのかを確認しておくことが必要です。そして，日本の裁判所による判決に基づき強制執行することができない国のライセンシーと番組販売契約を締結する場合には，仲裁機関を紛争解決機関と定めなければなりません。

　また，仲裁機関を紛争解決機関として定める場合には，必ず，その仲裁機関のホームページに掲載されている仲裁文言を利用して，紛争解決機関の条項を定めるようにしてください。この仲裁文言が不明確または不十分であるために，その仲裁機関が紛争解決機関として指定されていない等と争われる場合もあるためです。

　そして，仲裁で使用される言語，仲裁人の人数と選定方法，仲裁の場所等も定めておくと，仲裁手続きを進める上での論点を減らすことができ，スムーズな紛争解決に向けたスタートを切ることができます。専門家のアドバイスをう

けながら，仲裁の場合にどうするのか，自社のポリシーを定めておくことが有
益です。

■ 参考文献

『テレビ番組の海外販売ガイドブック　現状，ノウハウ，新しい展開』
　映像産業振興機構（VIPO）〔監修〕
　海外番組販売検討委員会〔編著〕
　特定非営利活動法人 映像産業振興機構 刊
　2012年7月

『放送コンテンツの海外展開　デジタル変革期におけるパラダイム』
　大場 吾郎〔編著〕
　株式会社中央経済社 刊
　2021年7月

■ 協力者一覧　（企業名，団体名等は2023年12月時点のものです）

　本書刊行に際し，多くの皆様にご協力，ご助言を賜りましたことを深く御礼申し上げます（君嶋）。

（敬称略）

〔寄稿〕放送ジャーナル，ジャーナリスト/コラムニスト	長谷川 朋子
〔監修〕Empire of Arkadia	千野 成子
〔監修〕	金子 玲子
総務省	馬宮 和人 大村 朋之 増谷 瞭
テレビ東京	斉木 裕明 堤 寛
東京放送（TBS）	杉山 真喜人
フジテレビジョン	下川 猛
日本放送協会（NHK）	金谷 美加
NHK エンタープライズ	小川 純子
日本テレビ	田嶋 亜矢子 飯泉 亜希子 宮内 友章 青木 佐也子 高橋 雄一 大路 菜央 品田 聡

日テレ アックスオン	宮田 佳輔 澤野 英美 竹内 理沙子 岩崎 友香
札幌テレビ	菅村 峰洋
福島中央テレビ	近藤 沙紀
関西テレビ	竹内 伸幸
TSK さんいん中央テレビ	岡本 敦
TSK エンタープライズ DC	澤田 陽
長崎国際テレビ	福田 誠司
中京テレビ	横井 一輝
映像産業振興機構（VIPO）	渡部 義隆
日本貿易振興機構（JETRO）	牧野 直史
放送コンテンツ海外展開促進機構（BEAJ）	一木 郁夫 落合 俊輔
日本民間放送連盟	中原 知子
日本脚本家連盟	吉野 賢
日本シナリオ作家協会	関 裕司
日本レコード協会	苅部 好雄 越坂部 玲奈
映像コンテンツ権利処理機構（aRma）	伊東 達郎 竹井 道子
映像コンテンツ権利処理機構（aRma） 日本芸能実演家団体協議会・実演家著作隣接権センター（芸団協 CPRA）	椎名 和夫
日本芸能実演家団体協議会・実演家著作隣接権センター（芸団協 CPRA）	野村 光隆
RX France	小野 理理
ユニジャパン（TIFFCOM 事務局）	栗橋 三木也
RX Japan	平野 紗代
RX Singapore	木島 麻衣
香港貿易発展局	丸子 将太
アクト・インターナショナル	
ソニー・ミュージックソリューションズ（AnimeJapan 事務局）	カンスカ マグダレナ
東京都	
Tokyo Docs	天城 靱彦 山﨑 秋一郎
Connoisseur Media	Mathieu Bejot
東京商工リサーチ	

■著者紹介

君嶋 由紀子（きみしま・ゆきこ）

2013年　日本テレビ海外ビジネス推進室長

2016年　NTV International（米国法人）社長

2018年　（一社）放送コンテンツ海外展開促進機構（BEAJ）事務局長

2024年現在，NTV Europe経営取締役社長

シカゴ大学ロースクール（LL.M）修了（1993年），早稲田大学法学部卒業（1984年）。

日本テレビでコンテンツの海外ビジネスに長年関わり，アニメ・ドラマ・バラエティなどの海外販売やフォーマットの国際共同企画開発に携わるほか，東南アジアで新規チャンネル事業などを手掛ける。

BEAJでは地方局等のコンテンツの海外展開支援事業として，海外プロモーションや海外契約交渉に関わる研修会などを主宰。

藤本 知哉（ふじもと・ともや）

潮見坂綜合法律事務所・弁護士（第一東京弁護士会），ニューヨーク州弁護士，エンターテインメント・ロイヤーズ・ネットワーク所属

1998年　司法試験合格

1999年　京都大学法学部卒業

2000年　弁護士登録 TMI 総合法律事務所入所

2001年　森綜合法律事務所（現：森・濱田松本法律事務所）入所

2006年　University of Southern California Gould School of Law（LL.M.）修了

2006〜2007年　Alschuler Grossman Stein & Kahan LLP（Media & Entertainment dep.）で執務

2007年　森・濱田松本法律事務所復帰

2010年　ニューヨーク州弁護士登録

2012年　ウォルト・ディズニー・ジャパン株式会社入社（Assistant Regional Counsel / International Compliance Officer）

2013〜2018年　ブロードキャスト・サテライト・ディズニー株式会社 取締役

2018年2月　潮見坂綜合法律事務所入所

2023年　Asia IPのTop 50 IP Experts of Japanに選出

〈著書〉

『初心者のための特許クレームの解釈』編著，日本加除出版，2020年刊 他

放送コンテンツ海外展開ハンドブック
──企画，販売，契約の基礎と実践

2024年10月20日　第1版第1刷発行

著　者	君　嶋　由紀子	
	藤　本　知　哉	
発行者	山　本　　継	
発行所	㈱中央経済社	
発売元	㈱中央経済グループ	
	パブリッシング	

〒101-0051　東京都千代田区神田神保町1-35
電話　03 (3293) 3371 (編集代表)
　　　03 (3293) 3381 (営業代表)
https://www.chuokeizai.co.jp
印刷／三英グラフィック・アーツ㈱
製本／侑井上製本所

© 2024
Printed in Japan

＊頁の「欠落」や「順序違い」などがありましたらお取り替えいた
しますので発売元までご送付ください。（送料小社負担）
ISBN978-4-502-50761-8　C3034

JCOPY〈出版者著作権管理機構委託出版物〉本書を無断で複写複製（コピー）することは，
著作権法上の例外を除き，禁じられています。本書をコピーされる場合は事前に出版者著
作権管理機構（JCOPY）の許諾を受けてください。
　JCOPY〈https://www.jcopy.or.jp　eメール：info@jcopy.or.jp〉